포렌식 사이언스
범인을 잡아라

셜록 홈스로부터 현대의 법정까지

전파과학사는 독자 여러분의 책에 관한 아이디어와 원고 투고를 기다리고 있습니다. 디아스포라는 전파과학사의
임프린트로 종교(기독교), 경제·경영서, 일반 문학 등 다양한 장르의 국내 저자와 해외 번역서를 준비하고 있습니다.
출간을 고민하고 계신 분들은 이메일 chonpa2@hanmail.net로 간단한 개요와 취지, 연락처 등을 적어 보내주세요.

포렌식 사이언스
범인을 찾아라

추리소설 셜록 홈스로부터 현대의 법정까지

초판 1쇄 1991년 8월 31일
개정 1쇄 2023년 1월 24일

옮긴이   오문헌
발행인   손영일
디자인   장윤진

펴낸곳 전파과학사
주 소 서울시 서대문구 증가로 18, 204호
등 록 1956. 7. 23. 등록 제10-89호
전 화 02-333-8877(8855)
팩 스 02-334-8092
이메일 chonpa2@hanmail.net
공식 블로그 http://blog.naver.com/siencia

ISBN   978-89-7044-389-8(03430)

포렌식 사이언스 범인을 찾아라

셜록 홈스로부터 현대의 법정까지

사무엘 M. 거버 편집
오문헌 옮김

전파과학사

머리말

셜록 홈스를 사랑하는 사람들은 그가 신화적인 인물이 아니라는 것을 믿으려고 한다. 아서 코난 도일의 작품은 다양한 법화학 사상들로 가득 차 있다. 또한 홈스의 화학에 대한 공헌도 언급되어 있다. 더구나 왓슨 박사도 홈스의 화학에 대한 지식은 대단하다고 말한다.

레이 대학의 나탈리 포스터 여사는 열렬한 추리 소설의 애독자로, 나와 함께 「범죄에서의 화학, 사실과 허구」에 대한 심포지엄을 갖자는 데 똑같은 생각을 가지고 있었다. 그래서 우리는 허구 부분과 현실, 사례 그리고 상호 관련성을 종합해 보았다. 처음 세 장은 이러한 관계에 대하여 생각해 보았고 나머지 여섯 장은 여러 분야에서 법과학에 대한 사무적인 수법 및 기술에 대하여 서술했다. 나의 집필을 위해 협력해 주신 미국 화학회 출판 부문 여러분, 특히 수잔 B. 로셀, 자네트 S. 도드, 폴라 M. 베라드 그리고 안네 G. 비글러, 네 분에게 감사를 표한다. 그리고 뉴저지 주립 경찰국의 리차드 새퍼스테인에게 특별히 감사를 드린다.

사무엘 M. 거버

목차

셜록 홈스로부터

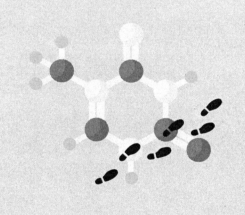

01

작가 코난 도일의 작품에 미친
의과 대학의 영향

Written by **일리 M. 리보우**

작가 코난 도일은 에든버러 대학의 의학부에서 받은 의학교육과 의사로서의 수련 그리고 의학 및 화학 교수들로부터 많은 것들을 배웠다. 이에 대해서 도일 자신도 인정할 뿐만 아니라 그의 자서전과 여러 작품에 많은 자취를 남기고 있다.

물론 학교나 고향이 그 사람을 철저히 로맨틱하게 만드는 데 영향을 주는 것이 아주 드문 일은 아니다. 즉 워즈워스에게 있어서 영국 북서부 호수지방(레이크 지역)의 모든 돌이 그에게 교훈을 주는 땅의 돌들이었다든지, 그 땅에서 워즈워스가 수많은 주옥같은 시를 노래한 것이라든지, "워털루의 승리는 이튼 학교의 운동장에서 얻은 것이다"라고 말하는 웰링턴 공(公)의 유명한 말을 보아도 알 수 있다.

그러나 E. M. 포스터는 "영국 공립학교의 교육은 지나치게 발달된 육체와 발달하지 못한 정신과의 통합밖에는 없다"라고 과감한 비판을 한 것도 사실이다.

에든버러에서의 교육

작가 코난 도일에게 에든버러는 종종 제임스 조이스의 더블린에 비유된다. 물론 엄밀히 말해서 같다는 것은 아니다. 그러나 유사점을 찾아보면 놀랄 만큼 많은 것을 볼 수 있다. 예를 들면, 두 사람 모두 가톨릭 신도였으나 나중에는 신앙을 버리고 소년 시절을 보냈던 마을을 떠나 고향에 돌아오지 않았던 점도 공통된다. 또한 조이스는 더블린 이외의 곳에 대해서는 쓴 것이 없는 작가이고 도일 역시 거의 런던이나 그 근교에 얽힌 작품들뿐이다. 따라서 고향 마을을 잊을 수 없었던 것은 도일뿐만 아니라 조이스도 물론 마찬가지이다.

그러나 코일은 로맨틱한 애증이라고밖에는 말할 수 없는 감정을 생애에 걸쳐 줄곧 품고 있었다. 이것은 그의 작품 중 여러 곳에서 발견된다. 그가 하원의원에 두 번씩이나 입후보했지만 그 당시 입후보한 선거구가 아무래도 에든버러였다는 것으로도 입증된다. 또한, 조이스의 경우와는 달리 도일은 엄격한 신교가 지배하는 마을에서 자랐다. 그 때문인지 그의 소년 시절의 친구와 동료들에게 대해서는 거의 말한 바가 없다. 도일의 집안은 원래 아일랜드 출신으로, 조이스의 가족과 마찬가지로 경건한 가톨릭 신도였기 때문에 나중에 도일이 가톨릭 신앙을 버렸을 때는 그의 가족을 몹시 슬프게 했다.

가톨릭 신앙을 버린 직후, 도일은 18세가 되었고 그 당시 유명한 에든버러 대학 의학부에 입학했다. 그는 자신이 받은 의학 교육에 대해서 곰곰이 생각했고 그 결과가 출판된 수많은 작품 속에 나타나 있다.

1876년 도일에게 의사의 길을 걷도록 선택하게 하고 특히 그 당시 세계에서 으뜸가는 명성을 자랑하던 에든버러 대학에 입학을 권한 것은 다름 아닌 도일의 젊은 어머니였다. 도일이 장차 두 가지 직업, 즉 의사와 작가의 길을 가게 된 것은 어머니의 기여가 지극히 컸다고 그는 말한다.

그에게 어려서부터 독서와 문장학을 가르치고 로맨스와 용맹성 문학 등에 대한 동경을 충만하게 한 것도 그의 어머니였다. 의학은 거대한 돌더미처럼 무미건조한 것이어서, 대학 생활에서 젊은 도일의 마음을 끌 수 있는 것이라고는 아무것도 없었다. 그의 대학 신입생 시절을 회상하면 스포츠와 신문 그리고 마음에 드는 몇 명의 작가에 관한 것일 뿐 그밖에 다른 것은 없었다.

젊은 도일은 그리어슨 장학생에 응모했다. 이것은 연간 40파운드가 지급되는데, 가난한 가정의 학생에게는 생활하기에 충분한 액수였다. 도일은 장학생 선발에 거뜬히 합격하여 가족 모두에게 큰 기쁨을 주었지만 그가 수속을 취하기 위해 「피와 같은 1파운드 지폐」를 지불했을 때 그는 장학금이 순식간에 날아가 버리는 환멸을 느꼈다. 그러나 도일은 어쩔 수 없이 참았다. 결국 7파운드의 장학금이 날아가 버렸다.

의학생 시절

도일에게 있어서 에든버러 시절 특히 의학생으로서 교육을 받았던 시절은 이후의 그의 생애에 영향을 미친 지극히 중요한 시기였다. 대학은 도일의 과학적 호기심과 문학적 호기심의 형성에 크게 공헌했다. 여러 가지 스포츠에 눈을 떴으며 또한 그는 학과 공부로부터 광범위한 지식을 얻게 되었음을 인정하고 있다. 도일의 화학, 약물 그리고 실험실에 대한 흥미의 증가는 확실히 그가 이 에든버러를 떠날 수 없게 만들었던 것들이다.

작가 코난 도일은 "희망이 넘치는 젊은 의학생" 시절에 대하여 "그다지 로맨틱하지는 않았다"라고 말한다. 학생 시절에 대한 향수는 그에게는 먼 것이었다. 대학교수들은 강의 시간 이외에 학생과 만나서 개인적인 이야기를 나눈다거나 어떤 일을 함께한다는 일은 좀처럼 없었다. 도일은 그의 초기 작품 중 『거들레스톤의 상사(商社)』라는 작품에서, 의학부의 교수진에 대하여 존경과 무능을 과장해서 묘사하고 있다.

도일이 의학생이던 당시 대학생은 학교에서 인정한 특정 화학 강의를 전체 수강 과목의 반수까지 청강하는 것이 가능했고 또한 그렇게 해도 학위를 취득할 수 있었다.

조 벨(Joe Bell)은 도일이 입학할 당시, 에든버러 왕립 병원에 근무했고 에든버러 대학에서 도일과 조금 친하게 지낸 인물로서, 왕립 병원의 스태프로 구성되어 있는 학교의 외부 강사단의 주임이었다. 도일도 동급생들과 마찬가지로 학교의 강의 외에도 다른 강좌를 많이 들었던 것이다.

조 벨의 영향

도일이 2년 차를 마쳤을 때, 벨 교수는 그를 조수로 채용했다. 도일은 겸손했기 때문에 교수가 자기를 보고 무슨 말을 할지 항상 걱정했지만, 사실 벨 교수는 그를 평범한 한 학생으로 생각했으며 '독수리의 관찰력'으로 도일을 묘사했다.

후에 벨 교수가 팔 말 가제트(Pall Mall Gazette) 기자에게 이야기한 일화가 있다. "도일 군은 시종 노트를 들고 있었으며 내가 한 말을 한마디도 빠뜨리지 않고 모조리 기록했고, 환자가 진찰실로부터 나간 뒤에는 뻔질나게 나에게 진단 결과를 반복하여 물었어요. 자신이 정확하게 기록할 수 있었는가를 언제나 확인했지요."

"도일 군은 내가 가르친 제자 중 가장 우수한 학생이었다고 생각합니다. 진단에 관한 것이라면 어떤 것이라도 무척 흥미를 가지고 있었으며 눈에 보이는 것이라면 미세한 점까지도 발견하려고 하는 불굴의 노력가였지요."

셜록의 애독자라면 누구나 아는 일이지만, 1886년 어느 날 밤 사우스시에서 젊은 의사가 처음으로 자신의 탐정 이야기를 쓰려고 책상으로 향했을 때 머리에 떠오른 것은 '나의 오랜 은사 조 벨' 그 교수의 모습과 음성 그리고 그의 수법이었다. 이러한 것이 셜록 홈스 이야기의 실마리가 된 방법 바로 그것이었다. 벨 교수는 다음과 같이 쓰고 있다.

이전에 어느 환자가 나의 진찰실에 들어왔을 때의 일이 선명하게 떠오른다.

"안녕하세요, 패트."

이 환자는 아무리 봐도 아일랜드 사람이었다.

"선생님 안녕하십니까?"

"오늘은 마을의 남쪽으로부터 해변을 돌아서 오셨군요."

"예, 그럼 선생님은 저를 보셨습니까?"라고 패트가 말했다. 코난 도일 군은 이해할 수 없었겠지만 실은 간단명료한 일이었다. 비가 온 날이어서 해변에 깎여 내린 빨간 점토가 장화에 묻어 있었다. 에든버러 마을 주위에는 장화에 묻은 점토와 같은 점토가 노출되는 경우가 없었기 때문이다. 환자가 진찰실을 나가자 그는 바로 장화와 점토에 대하여 나에게 설명을 요구하고 그것을 그의 작은 수첩에 빠뜨리지 않고 적었던 것이다.

도일의 작품 중 『다섯 개의 오렌지 씨』에서 처음 만난 젊은 소송 의뢰인을 향하여 홈스가 한 말은 다음과 같다.

"남서쪽에서 오셨군요."

"네, 호샴에서 왔어요."

"당신의 구두 앞쪽에 묻은 흙은 점토와 백악질이 섞인 것으로서 아주 특이하기 때문이지요."

벨 교수가 하던 그런 수법을 따른 것일까? 학기마다 새로운 학급의 강의가 시작될 때면 벨 교수는 풍부한 스코틀랜드 농담을 섞어 가면서 호박색 액체를 넣은 조그만 병을 학급 학생들에게 돌렸다. 유머러스한 목소리로(실제의 경우 어느 정도로 날카로운 농담이 숨겨져 있는지는 알 수 없지만) 새로운 학급의 학생들을 향해서

"제군, 이 작은 병 안에는 아주 강력한 약물이 들어 있습니다. 이것은 무척 씁니다. 신(神)이 제군들에게 주신 관찰력을 개발하는 것으로 시험해 보고 싶습니다. 물론 화학 분석으로도 알 수는 있습니다. 그러나 나는 그것을 냄새와 맛으로 판단하기를 원합니다. 어쨌든 내 마음이 내키지 않거나 자신이 없어서 제군들에게 강제로 시키는 것은 아닙니다. 자, 내가 우선 맛을 보지요."

벨 교수는 문제의 액체에 손가락 하나를 담갔다가 입으로 옮기고는 찡그린 표정으로 말했다.

"자, 제군들도 해 보시오."

학생들은 이 놀라운 혼합 액체를 똑같이 겁을 내고 두려워하면서 맛을 보았다. 그리고는 교수에게로 되돌아왔다. 벨 교수는 찡그린 표정을 하고 있는 학생들을 둘러보면서 천천히 말했다.

"여러분, 조금 전에 신이 주신 관찰력을 개발시키려고 한 사람이 한 명도 없다는 것에 대단히 마음이 아픕니다. 내가 그렇게도 관찰에 대하여 이야기했는데도 말입니다. 만약 제군들이 정확하게 관찰했더라면 아까 내가 이 액체에 담갔던 것이 검지였고 입에 넣었던 것은 검지가 아닌 중지였다는 사실을 알았을 것입니다."

벨 교수는 가제트 기자에게 도일이 마음에 들어 했을 한 가지 경우를 예를 들어 자세히 말했다. 교실에서 학생에게 강의를 하고 있을 때 교실로 들어온 환자에 대한 것이었다.

"이 환자는 하이랜드 연대의 병사로서 아마 군악대에 소속되어 있었을 것입니다." 하고 벨 교수는 말하기 시작했다. 자세가 반듯하고 어깨가 딱 벌어졌으며 걷는 모습이 피리 부는 사람을 암시하는 데다 키가 작은 것으로부터 군악대의 대원이었다는 것을 지적했던 것이다. 그러나 문제의 환자의 신분을 알게 된 것은 그가 "나는 구두 수선공으로 일하고 있으며 군대에는 간적이 없다"라고 대답했기 때문이다.

"이것은 약간의 쇼크이긴 했지만 나에게는 내가 절대로 틀리지 않았다고 하는 확신이 있었는데 무엇엔가 홀린 듯한 느낌이었어요. 문제의 환자를 두 사람이 양쪽에서 꼭 붙잡고 옆방으로 들어가 옷을 벗겼어요. 어떻게 되었는지 짐작이나 가겠소?"

"대단하군요. 조금도 상상이 가질 않는군요." 하고 왓슨과 가제트 기자가 대답했다.

"어떻게 되었을까요?" 하고 벨 교수가 계속했다.

"환자의 옷을 벗겨보자, 좌편 가슴에 조그마한 청색의 D 마크가 새겨져 있습디다. 결국 그는 탈영병이었지요. 크리미아 전쟁 때의 탈영병은 모두 이런 마크를 새겨놓고 있었거든요."

도일은 또 벨 교수가 왕립 병원에서 자신이 담당하는 병동 안에 작은 실험실을 만들어 놓고 있었다고 한다. 후에 에든버러 시절에 만든 자택(두 곳이 있었는데 어느 곳에도)에 아주 멋있는 실험실을 갖춘 것도 잘 알려져 있다. 벨 교수는 실험 의학자였다는 것이다. 동료 존 치엔 박사는 『나의 회고 1807~1860』에서 "제11호 병동에 가면 조 벨이 있고 분젠 버너를 열심히 쳐다보고 있는 사람이 항상 있었다"라고 기록하고 있다. 벨 교수는 조수들에게 스코틀랜드의 방언과 표현을 배우도록 지도했다. 도일은 선견지명이 있는 은사의 가르침을 하나도 빠뜨리지 않고 흡수했지만 이 스코틀랜드의 방언에 대해서는 그렇게 대단한 것이라고는 생각하고 있지 않았다. 그러던 어느 날 외래 진찰실로 들어온 에든버러의 제철공이라고 일컫는 환자가 '겨드랑이의 통증'을 호소했다. 웬일일까? 도무지 알 수 없는 일이었다. 몇 가지 일을 문진하여 겨우 '겨드랑이의 종기'라는 것을 알았는데 벨 교수는 문제의 환자를 관찰하고 나서 두세 가지를 더 질문하고는 바로 "이 남자는 트위드의 남쪽 출신으로서 전에는 종 치기 일을 하고 있었다"라는 것을 알아맞혔다.

방언과 독특한 언어 표현이 관찰과 일반적인 지식과 똑같이 혹은 그 이상으로 사물의 판단에 크게 기여한다는 것을 도일은 처음으로 실감한 것이다. 후에 도일은 다음과 같이 쓰고 있다.

"나에게는 벨 교수가 하는 방식을 배우기에는 충분한 시간이었다. 또 나라면 환자에게 여러 가지를 물어본 다음에야 알 수 있는 일도 교수님은 정밀한 관찰만으로 분명히 대량의 정보를 끄집어내는 것에 마음이 끌렸다."

벨 교수가 작가 도일에게 끼친 영향이나 도움 혹은 시사는 그뿐이 아니다. 후에 벨 교수는 몇 개의 공포 이야깃거리를 제공해 주셨지만 작품에는 전혀 이용하지 않았다. 도일의 아들인 아드리안 코난 도일도 벨 교수의 아이디어가 활용된 것은 없었다고 말한다. 놀랍게도 이것이 정확한 사실이라는 것은 조용하고 정통적인 벨 교수의 아이디어가 일반 독자들보다도 지나치게 앞서 있었기 때문이었다.

벨 교수는 근대적인 소독 멸균법 및 페니실린 기구의 가압 살균솥 처리 (가열 증기솥 살균) 등을 일찌감치 예견했으며, 1982년에 일어난 '틸레놀 살인사건'을 예견했다는 것은 아주 놀랄 만한 일이었다.

〈스트랜드 리더스〉에서 벨 교수는 다음과 같이 서술하고 있다.

「메카의 샘에 독」이라는 글에서, 메카의 샘에 누군가가 콜레라균을 투입한다면 순례자들은 성스러운 물을 병에 담아 가지고 가는 습관이 있기 때문에 갑자기 한 대륙 전체가 감염 지역으로 되고, 그리스도교 세계의 마을은 문자 그대로 방방곡곡까지 나쁜 전염병의 희생자로 가득 차게 될 것이다.

어빙 월리스에 의하면, "1892년 벨 교수가 힌트를 주어 제시한 것은 홈스의 호적수로서 세균을 이용하는 살인자를 등장시킨다"라고 말한 아이디어였다. 그러나 도일은 일반적인 독자들에게 '박테리아를 이용한 살인'은 조금 인연이 멀고 어려운 것으로 생각했다. 도일은 우수한 미스터리 작가였으면서도 진실된 미스터리를 쓰는 것에는 인색했다고 생각된다.

크롬 브라운의 영향

유명한 작품의 주인공 모델로서 벨 교수를 취급한 한편 도일은 화학 담당 교수였던 크롬 브라운에 대해서도 그 밖의 교수와 똑같이 자서전 가운데 꽤 많은 부분을 할애하고 있다.

브라운 교수는 에든버러 대학에서 가장 인기 있는 교수 중의 한 사람이었지만 학문적으로는 소위 '텅 빈 마음의 영혼'을 가진 교수였다. 도일의 자서전에는 브라운 교수의 친절한 태도와 학생들이 실험 시간에 즐거워했다는 것이 쓰여 있다(실험의 대다수는 실패로 끝났다).

브라운 교수는 1869년부터 1874년 사이 에든버러 대학의 교수진 가운데서 여자 의과 대학생의 작은 그룹에 문호를 개방하여 화학을 가르친 교수였다. 당시(1869년~1874년까지) 여자 의과 대학생들은 그의 일반 화학 강의를 회피했다는 것으로 우리들은 회상하고 있지만 그중에서 도상을 타기 위한 경쟁에서는 브라운 교수의 독창적이고 특이한 연구를 강조한 점이 높이 평가되는 것으로 생각된다.

도일의 일기에는, 젊은 도일이 의사로서(곧 작가가 되었지만) 유명한 의학 학술 잡지에 뛰어난 논문을 몇 편 게재한 것과 대학의 강의에서 배운 연구 정신을 바탕으로 실제 응용한 것이 쓰여 있다.

학위 논문을 위한 연구(매독의 한 형태로 어느 척수병에 관한 것이었다) 중에는 치료용 약제에 대해서 쓴 것이 있는데, "머렐(Murrell) 용액의 40미님(minim)을 자신에게 복용해 보았지만 별로 나쁜 영향은 없었다"라고 쓰고 있다.

A. C. 쿠로르와 존 치엔은 당시 브라운 교수의 동료들로서, 브라운 교수는 강의 때 "이 약제는 자신이 실제로 마셔 본 것이다"라고 자주 이야기했다고 기록하고 있다.

처음으로 활자화된 논문은 1879년 영국 의학 잡지에 게재되었다. 당시 그는 의학부의 3학년생이었다.

이 논문 「독으로서의 젤시미넘(Gelsiminum)」은 자신의 몸에 실험을 하지는 않았다. 한편 약물이 가져다주는 황홀감 및 여러 가지 증상에 대한 자신의 체험에 근거한 서술은 『주홍색 연구』, 『악마의 다리 모험』, 『기생충』 등 그 외의 작품에 나타난다.

도일의 다른 작품 『호이랜드의 의사들』을 통해서도 그가 브라운 교수의 강의로부터 많은 것을 얻었다는 것을 분명히 엿볼 수 있다. 이 『호이랜드의 의사들』은 도일의 자전적인 작품 가운데 하나로, 매우 흥미로운 것이다.

추측해 살펴보면 도일은 부인의 참정권 운동에 맹렬히 반대했었다. 의학부 시절(1876~1881)의 학급 동료들 가운데는 여학생이 한 사람도 없었다. 문제의 『호이랜드의 의사들』은 1894년에 집필된 것인데, 이 중 에든버러 대학 출신의 젊은 의사 제임스 리플리 박사가 영국의 작은 시골 마을에서, 새로운 치료법과 과학적인 이론을 겸비한 치료로 온 마을 사람들을 사로잡아 이전부터 이 마을에서 개업하고 있었던 두 사람의 의사로부터 환자를 대폭 빼앗아갔다. 그의 독점 태세가 수년간 계속되었는데 얼마 안 가서 이 마을에 유명한 베린더 스미스 박사가 부임한 것이 알려졌다. 스미스 박사는 에든버러 대학을 수석으로 졸업하고 그 후 파리, 베를린, 비엔나 등에서 연마했으며 학위 취득과 함께 그 유명한 '리 홉킨스' 의학상을 받았다고 한다.

조금도 가장함이 없이 선망과 질투의 생각을 가졌던 리플리 박사는 자신의 생각을 버리고 새로운 동업자를 찾아 나선다. 그때 나타난 사람이 자그마한 몸집의 여성으로, 장난꾸러기 같은 유머가 넘치는 눈과 조그만 안경을 손에 들고 있었다.

"스미스 박사와 겨루고 싶다"라고 찾아온 리플리 박사는 눈앞의 여성이 그 문제의 여성으로, 베린더 스미스 박사라는 것을 알 수 있었다. 리플리 박사의 놀라움은 마음 깊숙이서부터 솟아 나왔다. 그는 그때까지 여자 의사라고는 단 한 번도 만난 적이 없었다. 리플리 박사의 보수적인 정신은 혼란을 일으키고 있었다.

"남자는 의사, 여자는 간호사일 것이다"라고 성서의 어느 구절에 쓰여 있다고는 하지만, 그는 적지 않게 모독을 당한 것처럼 느끼고 있었다. 어쨌든 한 사람의 남자가 장기적으로 엄한 시련 끝에 겨우 획득한 것을 한 여성이 참으로 간단하게 손에 넣었다고 하는 것은 그가 취할 수 있는 파렴치의 극에 달하는 것처럼 생각되었다. 그는 간신히 "여성에게 어울리는 장소는 부엌이나 침실이지 진찰실이 아니다"라고 하는 취지의 말을 입으로는 말할 수 있을지 몰라도 그것은 결국 "그녀는 지극히 예의 바른 사람이고 그 남자는 아주 무례한 사람이다"라는 말을 듣게 마련이다.

그런데 공교롭게도 리플리 박사는 교통사고로 몇 개월 동안 문제의 젊은 여자 의사에게 발을 치료받는 신세가 되었다. 그녀의 헌신적인 공헌에 따라 그의 여성관이 변화했을 뿐만 아니라 런던의 유명한 외과 의사로 있는 그의 동생보다도 훨씬 뛰어난 그녀의 간호 태도에 호감을 갖게 된다. 당연한 일로 후에 리플리 박사는 소위 '여자답지 않은 여성'이었던 그녀에게 구혼한다. 그녀는 그의 간청을 일소해 버리고 리플리 박사의 기분을 조금이라도 상하게 한 일을 사과하면서, 지금 파리에 생리학의 새로운 연구소가 건립되기 때문에 그곳으로 갈 생각이 있다는 취지를 말한다.

리플리 박사는 곧 호이랜드 마을의 한 보통 개업 의사로 되돌아갔지만 사람들은 "리플리 박사는 요즘 몇 달 사이에 폭삭 늙었다. 그래서 길에서 젊은 여자나 남의 일을 잘 도와주는 여자를 만나도 눈길조차 주지 못하게 되었다"라고 말하게 되었다.

막상 의식적이든 무의식적이든 간에 도일은 우리의 무지한 독자들을 확실하게 일깨워주기 위해서는 훨씬 많은 것을 에든버러 시절의 의학 교육으로부터 가져오지 않으면 안 되었다.

여의사 베린더 스미스 박사는 에든버러 대학에서 지극히 경쟁이 치열한 '화학'상을 획득하고 있다. 그녀는 활동 때, 원기에 충만하고 독립적인 여자였다. 젊은 저자(이 당시 도일은 아직 33세도 되지 않았다)는 미스터리 작가로서의 길을 나가고 있었다고 볼 수 있다.

도일의 마음속에는 이미 한 사람, 활동적인 젊은 여성의 얼굴이 숨겨져 있었다. 그녀의 생애는 최근(1980년)에야 겨우 밝혀졌는데 그중에는 BBC의 8회 연속 드라마도 있었다. 그녀의 이름은 소피아 젝스 블레이크(Sophia Jex Blake)이다. 1865년, 그녀는 하버드 대학 의학부에 입학을 거부당하고 1869년 여름, 대서양을 건너 영국에서 당시 세계 최고의 수준이던 에든버러 대학 의학부에 입학을 시도했다. 그렇지만 당시의 대학 수업은 남녀별로 반이 구분되어 있어서 그녀는 모든 강의를 혼자서 수강하지 않으면 안 되었다. 그런 배려가 대학으로서는 적지 않게 경비가 든다는 것을 안 그녀는 곧바로 미국으로 되돌아와서 똑똑한 동료 여성 여섯 사람을 규합했다. 대학은 마지못해서 전원에게 입학을 허가했는데 이 중의 한 사람인 그레이스 피체이 여사는 베린더 스미스 박사가 받은 '리 홉킨스'상에 해당하는 포상을 획득했다.

도일은 피체이 여사의 성과를 잊지 않았던 것으로 생각한다. 그녀가 획득한 유명한 호프상은 도일이 입학하기 전에 재임한 화학 담당 교수의 이름을 기념한 것이다. 실제로 이 상은 다른 남자 학생에게 수여되어 에든버러시를 온통 들뜨게 하는 큰 소동이 벌어졌었다.

이 와중에서 도움을 준 것은 다름 아닌 브라운 교수였다. 베린더 스미스 박사의 모델은 역시 앞서 기술한 소피아였다고 생각된다. 그녀의 여성에 관한 농담과 의학 역사를 장식하는 많은 여성에 대한 지식 등, 의심할바 없는 법정의 증언을 소피아는 했으며 1870년도부터 1874년까지는 대학 평의회의 한 사람으로 있었다. 소피아는 후에 영국을 떠나 유럽 본토에서 활약하는데 실제로, 앞에서 기술한 모습은 젊은 작가 도일의 마음에는 들지 않은 것으로서, 강한 인상을 마음속에 새겨놓은 것으로 생각된다.

도일의 작품 가운데서 적어도 3편에는 분명히 소피아가 모델로 나타난다. 그녀의 전형이라고 말할 수 있는 것은 『마을 저편에』의 웨스트마코트 부인이다.

자전적 소설

'의과 대학생에 붙어 다니는 젊은 여성'의 테마는 의학부 시절 직접적인 영향을 받은 것으로서, 도일의 작품 중에 여러 가지 에피소드의 형태로 나타나 있다.

단편집 『빨간 램프 주위에서』 중 '처음의 수술'에 묘사된 정경은 도일의 왕립 병원 시절의 체험에 근거를 두고 있다. 이 우수한 소품 중에서 3년 차의 조수가 신입생을 수술실로 데리고 가는 장면이 있다. 도일은 전술한 바와 같이 왕립 병원의 외래 진료실에서 벨 교수의 조수로 근무했었다.

도일의 급우였던 크레멘트 건은 '시골 의사 생활로부터의 휴가' 가운데 "1년 차를 최초로 수술실로 데리고 간 것은 신입생을 놀리는 하나의 의식이었다"라고 쓰고 있다.

도일의 작품에서는 수술실로 통하는 복도에서 조수와 외래 담당 사무원과의 대화로부터 시작된다. 신입생은 깜짝 놀라서 마취라도 된 듯이 입을 다물지 못했다.

"오늘은 재미있는 일이 있을까?"

"어제였으면 좋았을걸."

"어제는 정례 수술일이었기 때문에 동맥류 이상 1명, 콜레 골절 1명, 척추 파열 1명, 열대 농양의 상피증이 1명씩이었다."

도일의 자서전에 의하면 벨 교수는 오후에만 70~80명의 환자를 수술한 적도 많았다고 한다. 그래서 두 사람은 수술용 계단교실로 들어간다. 말발굽의 계단에 늘어선 의자가 바닥에서 천장까지 놓여 있는데 거의 다 만원이다. 교실로 들어온 신입생은 자기 앞에 많은 얼굴이 손톱으로 긁힌 자국을 한 상태로 있는 것을 본다.

"이건 재미있는데. 너 이런 장면은 또 없을 거야" 하고 선배가 말한다.

신입생이 수술대 옆에 있는 두 사람은 누구냐고 묻자 그는 두 사람 모두 수술 조수라고 말해 준다. "한 사람은 기구 담당, 또 한 사람은 소독기 담당이야."

"자네도 알겠지. 리스터 교수의 소독 스프레이. 오늘 수술을 하시는 아처 교수는 석탄산 소독학파이고 또 한 분인 레이르 교수는 냉수 세정학파 신자야. 이 두 학파 사이의 나쁜 점이란 바로 개와 원숭이 사이라는 거야."

이 유명한 의학부에서 더구나 대스타가 근무하고 있는 곳에서, 그의 새로운 살균법을 모든 의사가 사용하고 있는 것만은 아니라고 말하는 것을 신입생은 여기서 처음으로 배운다.

도일은 벨 교수가 리스터식의 살균 소독법에 대하여 다소의 문제점이 있다는 것을 지적하기는 했지만, 리스터 소독법을 신뢰하면서도 실제로 사용한 횟수는 적은 외과 의사 중 단 한 사람이었다는 사실로 잘 알려져 있다는 것을 알고 있었다. 또 병원균 살균의 반대론자 대표로는 제임스 스펜스 박사[공포의 지미(Jeemy)]가 잘 알려져 있다. 도일은 몇 가지 의학을 다룬 이야기 중에서, 우수한 의사들 간에 격렬한 적개심에 의한 길항 상태가 일어난다는 것을 지적하고 있다. 라이벌끼리의 미묘한 행동의 대부분은 다루기 거북하지만 이들의 견해차는 의학보다도 오히려 철학적인 것에 근거를 두고 있다는 것이 도일에게는 인상 깊은 일이었다.

『빨간 램프 주위에서』 중 하나의 토막 이야기로는 「잘못된 출발」이 있다. 갓 졸업한 의사 호라스 윌킨슨이 생활의 수지를 맞추기 위하여 힘겹게 일하는 이야기이다. 도일 자신과 마찬가지로 사무원을 두지 않고 자신이 직접 환자의 질문에 대답하고 쉽게 진단을 할 때는 이전에 에든버러 시절의 대학 생활 때 은사가 이런 경우에는 어떻게 진단을 내렸을까? 또 환자가 아무것도 말하지 않는 가운데서 어떤 증상이 나타나고 있는가를 알아낼까에 대하여, 환자가 전기 쇼크를 받은 것처럼 생각하는 것이 보통이다.

여기에도 벨 교수의 그림자가 스며있지 않을까? 젊은 도일에게 의학부 시절의 영향이 가장 직접적으로 분명히 인식된 것은 '의학 기록'이다. 이 것도 『빨간 램프 주위에서』 중 한 편이지만, 이 이야기의 끝부분에 한 젊은 의사가 「영국 의학 협회의 미드랜드 지부」 의사의 모임에서 실제로 겪었던 기묘한 경험담을 주의 깊게 기록하고 있다. 여기서 취급한 화제는 어느 것도 다 흥미가 있지만 그중에서도 도일의 학위 논문의 주제였던 '매독'을 취급한 것도 흥미롭다.

'노(老)교수'는 꽤 신랄한 이야기지만 도일의 작품에 종종 등장한다. 연로하지만 지극히 유능한 가정 의사를 제자로 삼고 있다.

이 모델이 되는 사람은 도일의 학생 시절인 1879년 말 브링검의 호아레 의사이다. 몇 개의 작품 중에서 '호르톤 박사'로 등장하는데, 이 '노교수'에게 확실히 어울리는 이름은 '윈터 의사'라고 할 수 있다.

여기서의 주인공은 현명하고 재능 있는 젊은 신출내기 의사이다. 그의 탄생에 입회한 사람이 윈터 의사였다. 윈터 의사의 실제 연령은 누구도 알지 못할 만큼 고령이며 그는 클로로포름의 의료 사용에는 절대 반대했다. 벨 교수의 은사이자 동료였던 J. B. Y. 심프슨 박사는 벨이 에든버러 대학 의학부에 입학할 무렵, 그를 아주 유명하게 만든 클로로포름 마취법을 완성했다.

당시 모든 수술자(외과 의사)는 클로로포름에 의심을 가졌었고 실제로 클로로포름의 투여는 조수나 간호사 특히 잡역부의 일이었다. 이것은 제1차 세계대전 때까지 계속되었다.

윈터 교수는 청진기를 평가하기를 '프랑스에서 건너온 새로운 장난감'이라고 말하기도 하고 '병원균 이론' 등을 흡족해했다.

병실에 들어가면 종종 "문을 닫으시오. 그렇지 않으면 병균이 들어와요"라는 따위의 농담을 한다. 벨 교수는 공포의 지미 스펜스 박사가 항상 리스터가 존재할 때 "문을 닫으시오. 병원균이 나가오"라고 외치는 것을 기록하고 있다.

윈터 교수는 필자와 만난 바가 있는 어느 사람들보다도 영양학에 관한 실제 지식을 축적했던 한 사람이었다고 기록하고 있다. 스펜스의 아이들 중 하나인 패트릭 헤론 왓슨은, 도일이 재학 중일 때 아마도 영양학의 권위자였다.

"도일이 작품의 여기저기에서 자기 자신을 짙게 투영하고 있다"고 말하는 헨리 무투룩스의 생각을 믿는다면 진짜 의사를 주인공으로 한 작품 『크룩슬리 왕자』를 쓰고 있는 것은 도일이라고 말한 것도 투영할 만하다. 이 작품은 『빨간 램프 주위에서』에 수록되어 있지는 않다.

자서전으로서 부정확할지는 모르지만 도일이 의학생 시절의 체험으로부터 많은 장면을 이끌어 내고 있는 것은 확실하다. 이것은 후에 도일의 걸작 중의 하나인 『로드니 스톤』을 예견한 것처럼 흥분할 만한 이야기이다.

주인공 로버트 몽고메리는 의학생으로서 장학회에 소속되어(도일도 그랬다) 쉐필드에서 번창하는 개업의와 함께 일을 하게 된다. 5년간의 학업을 4년간에 마치면서 열심히 일한다. 이것도 도일이 호아레, 시로퓨샤의 엘리엇, 쉐필드의 리처드슨 의사와 보냈던 그 시절이다.

열악한 장학금의 희생자들도 대단히 비극적이다. 피곤한 젊은 의학생은 결혼을 앞두고 있지만 수지를 맞추기 위하여 용감한 40세의 지역 사람(크록슬리의 왕자)을 상대로 싸움을 한다. 도일 자신은 싸움까지 해서 수업료를 버는 짓은 하지 않았다. 그렇지만 당시의 학생들이 당구와 로치안 거리의 복싱 시합에 열광적인 관객이었다는 것은 의심할 바 없다.

후에 북극양의 포경선 호프의 선박 의사로 근무할 때, 한 번도 아니고 여러 번씩이나 글러브를 끼고 복싱을 하여 몽고메리와 똑같이 많은 팬을 만들었다. 작품 중 올데크레 의사와 젊은 의학생과의 관계는 조금도 다르지 않아서, 도일과 쉐필드에서의 고용주 리처드슨 의사와의 3개월 계약에 대응한다고 볼 수 있다.

크록슬리는 제철 노동자의 마을이다. 도일의 작품 속에서, 몽고메리도 똑같이 자신의 시간이라고는 가질 수 없었고, 수많은 정제를 둥글게 하며 열악한 식사를 하고 크리켓 게임으로 위안하며, 가능한 한 빨리 이 생활로부터 탈출하려는 것 등이 모두 비슷하다.

젊은 의학생의 이야기로서 최상인 동시에 중요한 것은 『스타크 먼로의 편지』일 것이다. 도일의 코믹한 걸작 중 하나이다. 이 작품에서 일어나는 일은 모두 도일의 졸업 전에 일어난 일로서, 에든버러 대학의 의학생 시절에 받은 영향이 일관해서 흐르고 있음을 알 수 있다.

존 스타크 먼로의 이름은 에든버러 대학의 학부에서 3대 동안 계속해서 근무했던 먼로 일가족으로부터 이름을 빌린 것이지만, 분명히 베일에 싸인 것은 도일 그 사람이다.

그가 미국에 있는 친구에게 써 보낸 편지의 형식을 취한 쿨링워어스(의학부 시절 동급생이었던 조지 버드를 모델로 했다)와 함께 경험한 여러 가지 모험담에 대해 쓰고 있다. 실제로 도일과 버드는 모두 연구에 헌신하고 의학 전문 잡지에 논문을 쓰기로 일찌감치 결정하고 있었다.

에든버러 대학은 다른 대학보다 분명히 많은 의학 논문을 내는 데 힘쓰고 있었다. 대학 의학부에는 당시 우수한 의학 잡지가 모두 갖추어져 있었다.

가스라이트 출판사의 『스타크 먼로의 편지』 초판에 프레드릭 키틀 박사의 훌륭한 '후기'가 첨부되어 있는데, 그중에는 이 작품의 기묘한 실험 중 하나가 도일과 버드 두 사람이 의학생 시절에 실제로 했던 연구에 근거를 둔 것이라고 쓰여 있다. 제1의 편지 중 병리 연구실로부터 환자의 간장을 적출하여 얇게 잘라서 불에 굽는 장면이 있는데, 그들은 이 방법에 따라서 병든 간으로부터 왁스 상태의 물질을 추출하는 것처럼 묘사하고 있다.

키틀 박사의 후기에 의하면, 도일은 학생 시절(1879~1880)에 버드가 저술한 '아밀로이드의 변성'에 관한 논문을 회상한 것이 틀림없다고 믿고 있었다. 당시 잘 알려진 『간장 질환에 대하여』라는 책이 있었는데, 그것은 유명한 의사였던 버드 부친의 저작물이었다.

에든버러 대학의 스파르타식 생활양식과 커리큘럼, 더불어 학부의 교수진은 어느 모로 보나 도일 자신에 의해서 많이 이용되었다고 자서전에 서술하고 있다.

대개 유명한 교수는 강의 이외에는 학생과 접촉하는 일이 없었지만, 학식이나 내면적인 수업 경험, 성실성 등 여러 방면에서 모델로 크게 이용된 것은 사실일 것이다.

쿨링워스와 스타크 먼로 두 사람은 모두 거울 속에 자신을 비추며 '빈곤'을 목전에서 보고는 어떻게 해야 하는가를 알았다. 두 사람 모두 불굴의 사람들이었다. 쿨링워스는 전차와도 같이 자신을 저지할 의지가 없었다. 도일보다 수업에 관해서 아주 냉소적이던 버드는 다소의 윤리나 의리, 부도덕성을 희생해서라도 현세적인 성공으로의 길로 나가기로 결심했다.

한편 도일은, 자신의 고결한 신조 때문에 두세 가지의 시시한 일로 친구와 헤어져 의학 수업을 계속하는 것이었다.

벨 교수가 〈스트랜드 리더스〉의 기자에게 말한 것 중 하나로, 궤양이 있는 부인 환자의 이야기이다. 학생으로서는 유일하지만(도일도 그중에 있었지만) 어느 곳이 나쁜지 전혀 어림할 수 없었다.

신문 연재의 여주인공 맘미 요쿰과 똑같이 그녀도 짧은 점토 파이프를

애용했다. 먼로가 행한 최초의 수술은 역시 궤양을 앓는 남자였다. 짧은 점토 파이프를 피웠기 때문에 궤양은 현저히 악화되었다. 젊은 먼로는 곧바로 진단을 하고 절제 수술에 들어갔다.

도일의 사소한 유머 정신은 이 환자가 완전히 치유되었을 때, "지금 긴 사기 담뱃대를 구입해 온 것이다"라고 말하고 있다. 마지막으로 도일의 추리는 은사 벨 교수의 방법을 실제로 응용한 데 불과하다고 서술하고 있는데, 이 응용도 도일이 대학을 졸업하고 몇 년 지난 후이다.

1960년에 필라델피아 코퍼비치의 일원으로 빌 스미스의 유명한 단행본 중, 미국의 의사로 에든버러 대학의 졸업생인 하롤드 고든의 회고담에 다음과 같은 기사가 있다.

나의 학생 시절에 도일이 에든버러에 왔을 때였다. 그의 두드러진 두 가지 에피소드는 지금도 생생하게 기억할 수 있다. 그는 대학에서 강연을 하고 그 뒤에 병동을 순회했는데 몇 년도였을까? 1912년이나 1913년의 두 해 중 어느 해였던 것은 확실하다. 그가 병동을 순회했을 때, 나는 당시 결핵 및 호흡기 질환의 권위자였던 로버트 필립 경의 조수로 있었기 때문에 다행히도 그곳에 함께 있는 영광을 누렸는데, 그를 따라 병실로 들어서면 그는 발을 들여놓자마자 그 자리에 서서 코를 킁킁거리면서 냄새를 맡고는 "이 중에 티푸스 환자가 있군. 나는 그것을 냄새로 맡아서 알아"하고 말했다. 우리는 어떤 방법으로 그것을 알아냈을까 하고 무척 놀라워 하고 있었다.

도일은 그 순간 성큼성큼 바로 어느 침대 주위로 가서 환자에게 "두통은 조금 수그러졌습니까?"하고 물었다. 침대 주위에는 커튼이 쳐져 있었다. 환자는 창백한 얼굴로 "아직 열이 있는데 몹시 목이 탑니다"라고 대답했다. 이 환자는 아직 진단이 나지 않았기 때문에 관찰을 요하는 상태였다. 그러나 이것이 단서가 되어 분명치는 않으나 티푸스 반점이 확인되고 진성 장티푸스였다는 것이 증명되었다.

생각해 보면 도일은 전쟁 당시의 체험과 대학에서 배운 수업과 실제의 경험으로부터 정확한 진단에 도달했던 것이다(이 환자는 그 후 어떻게 되었을까 생각해 보고 싶다).

그런 뒤 우리는 어린아이의 침대 주위에 서 있었다. 2살 또는 2살 반 정도의 남자아이였다. 어머니도 그 곁에 있었다. 도일은 별 질문도 없이 어머니를 향해서 어렵잖게 그러나 위엄을 갖추고 말했다.

"아들의 침대에 페인트칠하는 것을 그만 두십시오."

확실히 이 아이는 납중독에 걸려 있었고 우리는 진단 결과 그것을 알고 있었지만 어떻게 해서 도일이 이런 것에 정확한 진단을 내리는지 도무지 불가사의하다고 여겨 생각 끝에 그에게 물어보았다. 그는 미소를 지으면서 대답했다.

"이 아이는 영양은 좋지만 얼굴색이 좋지 않아. 장난감을 받으면 손에 잡자마자 바로 떨어뜨리지. 어머니는 균형된 몸을 하고 있지만 오른손의 손가락에 흰 페인트가 묻어 있어. 아이는 종종 침대 가장자리를 깎아 먹었지. 그렇기 때문에 납중독의 가능성이 있다는 진단을 내린 거야."

젊은 의학생이 작가가 되었다는 것은 말할 필요가 없다. 교사, 규범, 클

래스, 환경 어느 것이고 모두 작가 도일의 마음에 새겨져 있다. 그 특출한 탐정이 방 한쪽 구석에서 시험관을 흔들고 있는 것도 단순한 우연만은 아니다.

크롬 브라운, 조 벨의 두 교수와 함께 자기 방에서 실험을 했던 것이다.

작가가 셜록 홈스를 등장시키는 최초의 작품(『주홍색 연구』)을 썼을 때, 첫 희생자가 발견된 장소는 '라우리스턴 가든 3번지'이다. 코난 도일이 의학부 2년 차 학생일 때, 에든버러 왕립 병원이 새로 라우리스턴 부근으로 캠퍼스를 이전한 때였다. 그의 기억은 정말로 놀랄 만하다. 그의 마음속의 '화학'은 소위 버너의 불꽃에 혈떡이고 있는 것이 아닐까?

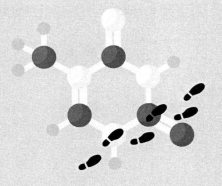

02

맹독:

도로시 세이어즈의 작품에 나타난 화학

Written by **나탈리 포스터**

알리스테어 쿠크가 BBC 방송 드라마로 피터 윔지 경의 미스터리 작품을 최초로 미국 시청자에게 소개하면서 다음과 같은 말을 했다. "세상에는 두 부류의 미스터리 팬이 존재한다. 즉 도로시 세이어즈(Dorothy L. Sayers)의 작품을 읽지 않는 사람과 열렬한 세이어즈의 팬으로 그 외의 작가는 안중에도 없다고 하는 사람이다."

세이어즈 여사는 문학상 세 가지의 다른 분야에서 각각 불후의 명성을 남기고 있다. 에섹스의 위삼에 있는 그녀의 옛날 집에는 지방 보존회의 필적으로 세 종류의 직위, 즉 '작가', '신학자', '단테학자'라고 쓰여 있다. 하지만 그녀의 추리 소설에 대한 특별한 매력은 작품 속 인물과 시추에이션에 관련된 화제에 대해서 아주 정성을 들인 조사와 연구 결과에 근거하고 있다는 점이다.

이 같은 조사 연구는 그녀의 다른 작품, 종교극이나 에세이, 단테 등의 중세 문학 번역 등의 노작에서도 특징을 이루고 있다. 장편이건 단편이건 그녀의 작품은 그녀가 화학을 유용하게 활용하여 '우수한 책을 만들었다'고 하는, 비교도 안 될 만큼 정확한 글로 썼다. 또 그것을 위해서 필요하다면 어떤 것이라도 보여 주겠다고 하는 그녀의 본바탕을 증명하고도 남을 것임을 알 수 있다.

도로시 세이어즈 여사는 1893년 옥스퍼드에서 헨리 세이어즈와 헬렌 부인 사이에서 외동딸로 태어났다. 그녀는 자연과학 교육을 받은 적이 없다. 옥스퍼드의 섬머빌 대학을 1915년에 졸업, 프랑스어 최우수상을 받았다.

그럼에도 그녀의 미스터리 작품 중에는 1920년대부터 1930년대까지 자연과학에 관련된 여러 가지 신발견 및 학설이 들어있다.

버섯 속의 무스카린

그녀의 작품 중 가장 화학적 색채가 농후한 것은 로버트 유스테스와의 공동 작품으로 『상자 속의 문서』이다. 로버트 유스테스는 필명이며 본명은 유스테스 로버트 바르톤으로, 구로우세스터 정신병원의 스태프로 있는 의사이고 코난 도일과는 같은 시대의 사람이다.

작품 중에는 자연과학적인 지식을 삽입하려고 하는 작가에게 종종 유익한 조언을 해 준 인물이기도 하다. 『상자 속의 문서』에는 야생 식용 버섯의 권위자가 자신이 채취한 버섯의 스튜 요리를 먹고 죽는 사건을 다루고 있다. 부검 결과 배심원은 사고사였다는 판결을 내렸다. 즉 문제의 신사 조지 헤리슨 씨는 무독의 아마니타 루벤센과 유독의 아마니타 무스카리아를 실수로 잘못 먹었기 때문에 생긴 무스카린 중독에 의한 사고사였다고 말했다.

약제학상 또는 법과학상 이것은 아주 가능성이 큰 선택임이 틀림없다. 여하튼 버섯 중독사의 90% 이상이 아마니타속(屬)의 유독 버섯을 식용으로 했기 때문이다. 또 금세기 초에는 무스카린에 의한 생리학적 반응도 꽤 알려져 있었다.

실제로 무스카린은 근대 약학의 초석이라고도 말할 수 있다. 이 약제는 부교감 신경계의 자극에 의해서 자연 응답의 한 부분을 충실히 재현할 수 있는 것으로 알려진 최초의 화학 물질인 것이다. 그러므로 "무스카린 응답" 혹은 "무스카린 반응"이라고 하는 용어로 현재도 그 명맥을 유지하고 있다.

그러나 헤리슨 씨의 아들이 이 판결에 의문을 갖는 것으로부터 소설은 시작된다. 헤리슨 씨가 이와 같이 초보자나 저지르는 과오를 범할 사람이라고는 도저히 생각할 수 없다. 다만 젊은 주인공 존 먼팅이 어느 칵테일 파티에서 당시의 화학 양상에 대한 이야기를 듣게 되기까지는 어느 한 사람도 살인에 의한 희생자라고 상상하는 사람은 없었다.

파티에서 먼팅은 워터스라고 하는 옥스퍼드 대학 출신의 신진 화학자를 만난다. 워터스는 "생명이란 무엇인가?"라고 말하고, 원래는 철학상의 중대한 문제에 대해서 유일한 화학적 해답을 부여한다.

화학적으로 말씀드리면 현재의 경우, 생명에 대한 가장 확실성이 높은 정의는 편견 다시 말해서 편의라고 말씀드릴 수 있습니다. 현재의 경우, 대칭적으로 광학적 불활성 화합물을 단일의 비대칭적인 광학활성의 화합물로 변화할 수 있는 것은 생명이 있는 것입니다. 이 지구 위에 처음으로 생명이 탄생했을 때, 물질의 분자 구조에 대해서 무엇인가가 일어났을 것입니다. 그러므로 화합물에는 꼬임이(비틀림) 생긴 것입니다. 이 꼬임은 지금 어느 누구도 기계적으로 재생하는 일에는 성공할 수 없습니다. 죽어도 신중히 선택된 생체 기능의 행사 외에는 불가능한 것입니다.

여러분도 인식하리라고 생각합니다만, 이 '기능'이 생명의 출현으로 되지 않았을까 하고 생각합니다. "즉 투명한 방해석에 빛을 통과시켜 봅시다. 그러면 이 결정을 통과한 결과, 빛이 진동하는 면은 하나의 평면만이 됩니다. 마치 평탄한 모양의 리본같이 됩니다. 이러한 빛을 '편광'이라고 합니다.

이 편광을 대칭적인 구조를 가진 물질에 통과시켜서는 아무 변화가 없습니다. 그러나 설탕의 수용액에 이 빛을 통과시키면 나선 모양의 효과를 받아서 편광면이 회전합니다. 이것은 마치 종이테이프를 우측과 좌측으로 비튼 것처럼 됩니다.

결국 설탕 분자는 광학활성을 가진 것입니다. 어째서 그럴까요? 설탕의 결정은 완전한 형태로는 성장하지 못하고 반드시 한쪽 편에 비대칭성이 나타납니다. 이 결정과 똑같은 거울의 상관계에 있는 것처럼 바로 반대의 모양으로 나의 오른손과 왼손처럼 되는 것입니다."

워터스는 자신의 오른쪽 손바닥을 왼쪽 손바닥에 겹쳐서 자신의 이론이 이와 같음을 나타냈다.

"우리는 실험실에서 무기 화합물을 원료로 하여 이전에는 생체만이 만드는 것이라고 생각하고 있던 여러 가지 화학 물질을 합성할 수 있게 되었

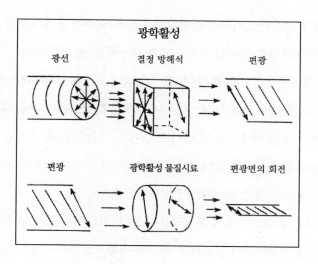

광학활성

| 광선 | 결정 방해석 | 편광 |

| 편광 | 광학활성 물질시료 | 편광면의 회전 |

다. 그렇지만 우리가 합성한 것과 천연물과의 다른 점은 무엇일까? 합성해서 만든 것은 어느 것이나 소위 라세미(racemi) 혼합물이라고 부를 뿐이다. 이 가운데에는 두 종류의 물질 즉 1만이 오른손계의 비대칭성이라 말할 것 같으면 다시 1만은 왼손계의 비대칭성을 가진 것이 같은 양만큼 들어 있다. 이 때문에 이와 같은 혼합물은 무기 화합물의 대칭적인 것과 같이 광학활성을 나타내지 않는다.

결국 두 개의 비대칭성은 서로 상쇄되기 때문에 전부 종합해 보면 광학적으로는 불활성이 되고 편광면을 회전시키는 능력은 없어진다."

이 문장 중에는 두세 가지의 애매모호한 표현이 있다(완전히 성장하지 않은 결정, 대칭적인 무기 화합물). 또 이 형태의 광학활성이 결정에 기인하는 것이 있고, 분자의 성질은 없는 느낌을 주는 경우도 있지만, 대부분의 화학자가 세이어즈 여사가 광학활성 현상에 대하여 명쾌하고 동시에 본질을 파악한 설명을 부여한 것에 이의를 제기하는 것은 아니다.

이 파티에서의 이야기 중에, 먼팅은 워터스가 합성 무스카린의 섭취에 의해서도 범죄가 일어난다는 것을 이야기한 것에 마음이 우울해지는 동시에 그런 사실을 이해하게 된 것이다. 먼팅은 그의 동료 필립 라돔이 문제의 범죄 용의자라는 것을 안다. 그 때문에 의무와 우정의 진퇴양난에 처하여, 어느 쪽을 따라야만 되는가를 결정해야만 했다.

먼팅은 워터스에게 그 가능성을 물었다. 워터스는 즉각 두 사람이 함께 조사 담당 법화학자의 심정으로, 문제의 정황으로부터 시료의 광학활성 유무를 확인해 보도록 요구해 보는 것이 좋겠다고 시사한다.

스튜 요리 중 무스카린은 광학 불활성의 것이다. 결국 합성된 것이라면 역시 헤리슨 씨는 독살되었다는 것이 된다.

이 소설의 말미에 헤리슨 씨는 라돔의 편에 서기를 싫어하고, 최후에는 부당한 비대칭 분자에 가혹한 비판을 하는 먼팅을 안다(이것은 바로 처음부터 유기 화학을 배우고 첫 시험에서 입체 화학의 문제를 본 학생들의 환희의 말과 우연히도 닮았다).

과학적인 면으로 볼 때 세이어즈 여사의 작품 중에서 화학이 어느 정도로 당시의 현상을 정확히 나타내고 있느냐고 하는 점에 대해 걱정을 하는 독자도 있을 것이다.

무스카린의 정확한 약리상의 성질이 알려진 것은 꽤 이전이지만, 이 물질은 분리가 어렵고 극히 약 1957년쯤에 와서야 처음으로 순수 분리와 구조 결정이 이루어졌다.

이 작품에서 법화학자는 간단한 것이기는 하지만, 1930년까지의 무스카린에 대한 연구 역사를 완전히 종합하고 있다. 무스카린 자체를 순수한 상태로 버섯 균체로부터 분리하는 것은 대단히 어려운 화학 실험이다. 내가 아는 한 지금까지 성공한 사람은 두 사람뿐이다. 한 사람은 하르낙크이고 또 한 사람은 노스나겔인데, 두 사람 모두 결과가 아직 확실한 것은 인식되지 않았다고 생각한다.

버섯의 균체로부터 추출물을 분별하여 콜린과 무스카린을 염화 금산염으로서 분리한 것은 하르낙크이다. 최근에 킹은 똑같은 원료로부터 무스카린의 염화물을 얻었다. 하르낙크가 1875년에 아마니타속의 버섯을 시럽 모양으로 추출한 무스카린 염화 금산염은 두 분자의 활성 부분에 대해서 연구한 바 구조식을 제출했다(구조식 1).

1893년부터 1894년에 걸쳐서 노스나겔이 하르낙크의 일을 다시 연구하여 조성식을 확인했다. 그리고 콜린을 질산으로 산화하여 동일 조성의

$$\left[\begin{array}{c} \overset{\displaystyle CH_3}{\underset{\displaystyle |}{}} \qquad \overset{\displaystyle OH}{\underset{\displaystyle |}{}} \\ H_3C-N-CH_2-CH \\ \underset{\displaystyle CH_3}{\overset{\displaystyle |}{}} \qquad \underset{\displaystyle OH}{\overset{\displaystyle |}{}} \end{array}\right]^+$$

구조식 1

것이 얻어지는 것을 확인하고 이후 몇 년간 '합성 무스카린'이라고 부르는 것을 만들었다. 이 조성식의 정당성은 1914년, 에윈스에 의해서 위의 반응으로는 콜린의 아질산 에스테르(구조식 2)가 생길 뿐이고 무스카린은 생기지 않는다는 것을 증명할 때까지 의심의 여지가 많았다.

$$\left[\begin{array}{c} \overset{\displaystyle CH_3}{\underset{\displaystyle CH_3}{H_3C-N-CH_2-O-N=O}} \end{array}\right]^+$$

구조식 2

1922년이 되어 추출 방법이 크게 변하고 그 때문에 당시 더 순수하게 천연의 무스카린 시료가 킹의 손에 의해서 분리되었다. 그렇지만 킹의 연구 결과 및 그가 제출한 조성식($C_8H_{18}O_2N$, 이것은 분자식이고 구조식은 첨부되지 않았다)도 입증되지 않은 상태였다.

1931년(세이어즈 여사의 작품은 1930년 집필이다) 쾨글과 그 문하생에 의해서 순수한 무스카린의 염류라고 생각되는 것이 분리되고, 이 물질이 광학활성을 나타내는 것으로 나타났다.

셀룰로오스 컬럼을 사용한 분배 크로마토그래피에 의해서 분석적으로 순수한 무스카린이 처음으로 분리되고, 광학활성이 있는 것이 확인된

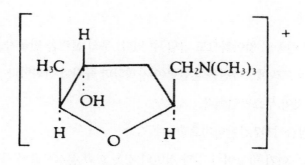

구조식 3(2S, 3R, 5S)

것은 유그스터와 왓서의 업적으로서 1954년부터 1956년에 걸쳐서였다.

최종적인 구조 결정은 엘리넥에 의한 X선 결정 해석이 1957년(세이어즈 여사 사망 연도)에 가능했다(구조식 3).

구조 결정 후 무스카린의 합성이 가능해졌다. 이것의 배경을 기준으로 지금의 작품으로 되돌아와서 세이어즈 여사와 유스테스 두 사람이 어느 정도 능수능란하게 제재를 요리했는가를 살펴보자.

먼팅과 라톰이 화학 교실의 어느 건물로 가던 도중에 만난 한 똑똑한 학생이 서술한 무스카린의 식은 $C_5H_{15}NO_3$이다(이것은 구조식 1의 수산화물에 해당한다). 이것은 하르낙크의 식으로 1914년에는 모두 정확하게 판명된 것이다.

이 학생은 콜린의 아질산에스테르에 의한 인공 무스카린의 합성에 대해서도 이야기하고 있다. 합성 무스카린과 관련한 라톰의 질문에 대해서 그 학생은 실험 때 위를 가리키면서 뽐내며 대답한다. 이 원료는 모두 무기물이다.

결국 인공의 것이라고도 말할 수 있다. 우선 콜린을 만들자. 에틸렌옥사이드와 트리에틸아민을 혼합하여 가열하면 콜린이 산화한다. 이렇게 만들어진 것이 무스카린이다.

"어떻습니까? 간단하지요."

라톰: "여기 만들어진 것과 천연의 것을 화학 분석으로서 무엇이 다른가를 알 수 있을까요?"

학생: "물론 다른 것은 없지요. 아주 똑같은 물질이지요."

이 똑똑한 학생은 합성의 지식만으로 단언하고 있지만, 천연 물질의 광학활성에 대해서는 아무것도 모르는 것처럼 보인다. 그것은 어떻든 간에 라톰이 부당한 비대칭 분자에 한정할 뿐만 아니라, 대학원 2년 차 학생으로서는 무엇인가 지식을 잘못 얻었다는 것이 된다.

세이어즈 여사나 유스테스를 위해서 한마디 첨가한다면, 이 작품 중의 화학식은 아마도 J. 딕슨의 『법의학과 독물학』을 참고로 했을 것이다(그녀의 책 『맹독』에서 피터 윔지 경은 이 책만 읽고 도움을 주었다). 이 책의 1922년 판에는 하르낙크의 무스카린 화학식이 인용되어 있다. 하르낙크의 구조식은 부제 탄소 원자를 갖지 않은 것으로서, 광학활성을 나타내는 것은 불가능했다.

세이어즈 여사는 후에 "이 작품의 구성은 좋았다고 생각하지만 독버섯을 택한 것은 실패했다"라고 술회했다. 이 작품이 간행된 후 곧 어느 화학자가 세이어즈 여사에게 편지를 보내 "당신의 일반적인 이론은 정확하지만, 천연 무스카린은 광학활성을 나타내지 않기 때문에 모처럼의 아이디어에서 유일하게 예외가 되는 물질이다"라고 지적했다. 이 지적은 1930년에 와서 정당한 것이 되었었지만, 최근의 연구 결과로는 그녀의 저작 쪽이 이론상 범죄 행위로서도 반론의 여지가 없는 올바른 것이 된다.

당시의 화학은 후에 잘못이 있다는 것으로 판명된 것이라도 작품 중 희생자에게 독을 넣은 살인범을 그녀가 선택한 방법으로 체포한 것은 불가능하다고 한다. 어느 것이나 현대의 과학은 전에 이와 같은 특수한 범죄의 해명에 편광계를 사용한다라고 말한 아이디어의 정확함을 입증한 것이다. 그 외 두세 가지 점에 대해서도 지적하여 높은 가치가 인정되었다.

이 작품 중 무스카린 합성의 경우는 틀린 점이 있다. 그것은 트리메틸아민으로, 어떤 경우에는 트리에틸아민이 되고 있다. 다만 이것은 타이핑의 실수였고 본질적인 것은 아니다. 또 하나 틀린 것으로는 하롤드 하트에 의해서 지적된 것으로, 법화학 실험실 중 섬광성을 측정하는 장면이 묘사되고 있다.

"전기를 끄고 나트륨 불만 남겼다. 이 녹색의 꺼림칙한 빛은……"이라고 말하는데, 우리가 아는 지식으로는 나트륨 불꽃은 밝은 황등색이지만 이와 같이 기분이 좋지 않은 연구에 대해서는 '꺼림칙한 녹색' 쪽에 매우 근사하다고 말할 수 있다.

웨하스 과자 중의 티록신

세이어즈 여사의 작품 중에서 화학의 묘미를 이용한 제2의 예로서, 지금도 의료 화학 쪽이 앞서 있기는 하지만 1933년에 출간된 『피터 윔지 경의 기묘한 실종』이라는 단편을 들어 보기로 한다. 이 모험 이야기에서 그녀는 '분비선(分泌腺)'에 대한 의학적인 지식을 응용할 기회가 있었다. 이전의 몇 개 작품에도 얼굴을 내밀고 있는 '분비선'은 수십 년에 걸쳐 온 영국의 유행어다.

"내 아이가 분비선이요, 그것 큰일이군요."

그는 새로운 진료실을 열고, 누구라도 내분비선의 치료로 건강하게 될수 있다고 쓰인 신문의 광고처럼 치료했다. 새로운 시대의 과학으로 어느 하나도 의심을 하지 않았다. 지금까지의 생물학에 새로운 빛을 비추는 것이다.

"의심이 들 때는 갑상선 호르몬을 투여하세요."

이 이야기는 스페인의 바스퀴 지방의 한적한 시골을 무대로 하고 있다. 마을 사람들은 마을에 사는 어떤 젊은 미국 부인이 마법에 걸려 있는 것이라고 생각한다. 윔지 경은 이 여성이 전에는 꽤 미인이었을 것이라는 정확한 진단을 내리고 의학상의 원인을 밝혔다.

그녀는 갑상선 기능부전으로 고통을 받고 있었다. 세이어즈 여사는 임상학적으로 그 공포를 정확히 묘사하고 있다. 아무것도 눈에 띄는 것은 없지만 소란은 시작됐다. 불협화음이다. 그 느낌으로는 개나 고양이에 의해서 만들어진 소리는 아니다. 그에게는 침을 흘리고 핥는 소리처럼 들린다.

꿀꿀거리고 깩깩거리는 일련의 소리가 들리더니 잠잠해졌다. 무엇인가 발을 질질 끄는 소리, 그리고 부드럽게 낑낑대는 소리도 들린다.

뚱뚱하고 구부정한 몸에서 주름이 잡히고, 구겨진 비단천에 레이스가 달린 헐렁한 가운이 흘러내린다. 얼굴은 창백하고 부어 있으며, 눈을 멍청하게 뜬 채 입은 칠칠치 못하게 벌어져 있어서 양 볼을 타고 침이 흘러내린다.

먼지투성이의 머리털은 반쯤 벗겨진 머리에 휘감겨 있어 마치 미이라에서 보는 머리숱과 같다.

감각을 잃은 손은 차고 끈적끈적하며 거칠어서 만져도 본래의 감각처럼 느껴지지 않는다.

이 범죄는 문제의 부인의 남편이 건강을 유지하기 위하여, 필요한 약제를 질투심이 아주 강한 부인에게 투여하지 않았기 때문에 크레틴 기능 저하 증상을 나타낸 것이라고 볼 수 있다. 윔지 경은 도리에 어긋난 남편이 해외로 나가 있는 사이에 티록신을 함유한 웨하스 과자를 매주 투여하여 부인의 건강을 회복시키는 데 성공한다. 갑상선의 연구와 그 활성 물질, 티록신의 전합성은 이 작품의 출판에 앞선 것으로서, 대충 30년간에 걸쳐서 계속되어 왔고 어느 정도 중요한 발견이라고 평가된 것은 몇 해 전의 일이다.

티록신에 관한 초기 연구의 대부분은 영국의 과학자가 한 것으로서, 이 문제가 세이어즈 여사의 흥미를 불러일으키고 많은 지식을 얻는 데에 도움이 되었던 것으로 생각한다.

머레이는 1891년에 그 당시 치료 불가능이라고 생각되었던 갑상선 기능 부전증의 부인 환자에게 양(羊)의 갑상선을 이식할 경우, 현저히 증상이 경쾌해지는 것을 확인했다. 이 회복은 지극히 신속했기 때문에, 머레이는 갑상선에 있는 어떤 물질이 이식되고 나서부터 오랜 시간에 걸쳐서 문제의 환자의 체내에서 분비되는 것이라는 가설을 세웠다.

이 물질은 이식한 갑상선 자체의 작용보다도 더 본질적으로 회복에 기여했을 것이 틀림없다.

폭스와 맥켄지 두 사람은 각각 독립적으로 연구한 것이었지만 갑상선 요리를 환자에게 먹게 함으로써 증상의 경감과 회복에 성공했다.

이 요리의 메뉴는 '가볍게 프라이한 것에 건포도 젤리를 첨가한다든가', '잘게 썬 것에 브랜디를 첨가하는' 등도 쓰여 있다.

티록신의 화학 분석은 프라이부르크 대학의 유진 바우만(Eugene Baumann)이 1895년에 갑상선의 활성 추출물 중 요오드가 함유되어 있는 것을 발견한 것이 큰 진보였다고 말한다. 그런데 바우만은 만성 심장 질환에 걸려 있었고 1896년에 49세로 사망했기 때문에 티록신의 분리와 특

구조식 4

성의 발견이 크게 늦어졌다.

E. C. 켄달(Kendall)은 마요클리닉에서 파크-데이비스(Parke-Davis)의 것을 연구하고 있었는데, 〈구조식 4〉에 있는 것과 같은 티록신 구조를 1919년에야 제안했다.

물론 이것은 후에 와서 틀린 것으로 밝혀졌다. C. R. 하링턴(Harington)은 1922년, 뉴욕 록펠러 연구소의 H. D. 다킨(Dakin)과 함께 포스트 닥터로서 티록신을 연구했다. 이윽고 영국에 있던 하링턴은 런던의 유니버시티 칼리지 병원에 근무하며 의학부에서 강의를 하면서 티록신 연구를 계속하여 1927년 드디어 올바른 티록신의 구조를 전합성에 의하여 확정했다(구조식 5).

흥미 있는 일이지만, 하링턴의 은사였던 다킨도 동시에 올바른 티록신 구조를 밝혔다. 그러나 하링턴의 성과를 안 다킨은 자신의 논문을 스스로 취하했다. 그 때문에 티록신의 구조 결정은 하링턴 한 사람만의 성과라고 말하게 되었다. 이 연구 결과로 하링턴은 영국 국립 의학 연구소의 소장으로 임명되고 후에 작위까지 수여받았다. 이 시기의 영국에서의 연구와 발

구조식 5

견의 활발한 흐름은 후에 세이어즈 여사가 이 테마를 다룬 작품을 썼을 때 지극히 독특한 전제가 되었던 것이라고 하겠다. 다시 한번 이 소설의 구성으로 되돌아가보면, 윔지 경의 장황한 해석과 그가 내린 정확한 진단은 의학적인 관찰로서 증명되었다.

연역적인 추론의 전형이라고도 할 수 있다. 우선 처음에 이와 같은 이상한 퇴행 현상이 아직도 20대인 젊은 여성에게서 일어났다는 것, 그로부터 이 증상이 규칙적으로 1년에 한 번꼴로 가볍게 쾌유한다고 하는 것은 보통의 뇌장애로써는 일어나지 않는다. 바로 누군가가 컨트롤하고 있는 것이 아닐까?

웨더럴 부인은 처음부터 남편의 의학적인 감시 하에 있었다. 웨더럴은 이 분야에서 유명해졌다. 런던의 약제상과 계속하여 연락을 취했다. 엘리스 웨더럴은 선천적으로 갑상선 기능 부전증의 뇌질병에 걸린 불행한 사람 중의 하나가 되었다. 독자들도 목 부분에 있는 갑상선이라는 것을 알게 될 것이다. 이것은 인체 내의 여러 기관을 자극하여 낡은 뇌를 활동시킨다. 그렇지만 어떤 사람에게는 이 기능이 만족하게 작용하지 않는다.

그러면 크레틴병이 되고 어리석은 사람, 즉 치매(癡呆) 상태가 된다. 그렇지만 이와 같은 사람에게 부족한 갑상선 성분을 공급하면 곧 양기와 아름다운 지성이 넘치고 명랑하고 활기찬 인간으로 되돌아온다.

다만 이 상태를 유지하기 위해서는 정기적으로 지금의 부족한 성분을 공급해 주지 않으면 안 된다. 그렇지 않으면 바로 전처럼 어리석은 바보 상태로 되돌아가기 때문이다.

모발 및 손톱에 비소

세이어즈 여사의 시점에 입각한 과학 지식의 상태를 나타내는 제3의 예로서는 1930년에 발표한 작품 『맹독』을 거론할 수 있다. 이 책에서는 나중에 피터 윔지 경의 부인이 되는 하릿 바네가 그녀의 옛 연인인 필립 보일을 비소를 사용해 독살한 것으로 고소된다.

이 사건은 세이어즈 여사가 앞서 저술한 『기묘한 실종』과 이 『맹독』에서 감추어 두었던 아이디어를 동시에 전개한 것으로서 무척 흥미 있는 사건이다. 당시 갑상선 치료에 관한 논문 중에는 비소의 치료 효과와 그 갑상선에 대한 영향에 관해서 놀랍도록 많은 양의 연구가 기록되어 있다.

전 세기 말부터 금세기 초에 비소는 그레이브스병(갑상선 기능 항진)에 투여된 표준적인 약제의 하나였다. 한편 티록신과 비소의 임상 연구도 생리 작용을 해명하는 일에 연결되어 있었다.

비소는 문학 작품에서뿐만 아니라 실제로 오랫동안 살인의 소도구로서 이용되어 온 역사가 있다. 다만 세이어즈 여사는 이 낡은 테마를 과학적인 생각들로 완전하게 구성하고 있다.

스티리안(오스트리아 지역) 지방 농민의 비소 기호증에 대해서 언급하고 있을 뿐 아니라 앞서 기술한 딕슨의 문장을 인용해서 지방적인 비소의 내성(耐性) 현상을 증명했다.

코렛타(Coletta)는 1906년에 보고한 실험 결과에 대해서 서술하고 있다. 잘 아는 바와 같이 비소라는 것은 인간에게는 보통 해가 된다. 다만 비소를 좋게 생각하는 사람도 세상에는 존재한다. 즉 비소 기호자인 스티리

안 농민의 얘기를 들어본 적이 있다. 그들은 "비소는 호흡을 고르게 하고 피부를 아름답게 하며 머리털의 광택을 좋게 한다"라고 말한다.

똑같은 이유로 말에게도 비소를 준다. 물론 말에는 노출된 피부가 적기 때문에 피부색 운운은 특별하다. 때문에 어떤 사람들은 내성을 쌓아, 보통 사람들이 간단히 죽게 될 정도의 대량의 비소를 먹어도 죽지 않는다.

누구였는지 지금은 이름을 기억할 수 없지만, 딕슨의 책을 보면 전부 적혀 있는데……, 어떻게 해서 이 같은 내성이 생길까 하고 불가사의하게 생각되어 연구한 학자가 있었다. 그는 개와 고양이 그리고 여러 동물에게 실험적으로 비소를 투여하여 몇 마리를 죽이기도 했다.

마지막으로 알아낸 것은 비소 용액은 신장에서 처리된다는 것과 생체에 두드러진 해를 끼친다는 것이었다. 한편 고체 비소는 매일 조금씩 증량해 가면서 주면 차츰 습관화되어 마지막에는 꽤 많은 양에도 전혀 느끼지 못하고 먹게 된다. 어떤 책에서 읽었는데 이 같은 내성은 백혈구의 탓이라고 생각한다.

혈액 중에서 원기에 관여하는 것이 흰세포라고 알려져 있다. 이것이 독물 주위에 모여들어 독작용을 무력화시킨다. 어쨌든 누구라도 고체 비소를 조금씩 1년 또는 그 이상에 걸쳐서 섭취한다면 멀지 않아 면역성이라고 할까 내성이 되어서 6~7그레인의 비소를 입에 넣어도 모기에 물린 것만큼도 감지하지 못할 것이다. 그렇기 때문에 스티리안 농민은 비소를 먹은 후 3시간 정도는 절대로 물기가 있는 것을 섭취하지 않는다. 그 이유는 수용액이 된 비소는 신장으로 바로 이행해서 거기서 맹렬한 독작용을 나타내기 때문이다.

여러분은 아주 밝은 얼굴색을 하고 있다. 필자가 지금 말한 것과 달리 비소가 화장품에도 사용되고 있기 때문에 여기저기 피부에 부착되어 있다. 또 머리털도 광택이 있다. 아까부터 유심히 살펴보고 있었지만, 여러분은 저녁 식사 자리에서 물기가 있는 음식은 어느 것도 취하지 않은 것처럼 조심하고 있다. 좌우지간 여러분의 손톱과 머리털을 전에 분석한 것과 비교해 보자. 놀랍게도 많은 비소가 들어 있지 않은가. 이 살인 용의자에 대해서 윔지 경의 심부름꾼이던 번터가 신뢰도가 높은 마시(Marsh) 테스트를 하고 있다. 그리고 법정의 시료에 대한 시험을 시작하기에 앞서 시약 중의 비소분에 대한 공시험을 하는 것도 잊어서는 안 된다.

"플라스크로 증류수를 천천히 끓인다. 여기서 이 장치에는 비소가 오염되어 있지 않는 것이 확실하다."

"다른 어느 것에도 있지 않다."

"셜록 홈스가 말한 것이지만, 이것만은 정말로 아무것도 없는 경우 어떻게 되는지를 나타내는 것이 된다."

그런데 이윽고 마법처럼 얇은 은색 반점이 분명히 불꽃과 마주치고 있는 것이 유리관 안쪽에서 나타난다. 이 반점은 급속히 성장해서 색깔이 진해지면서 금속광택을 나타내는 중심 주위에 진한 흑갈색 띠를 가진 오점이 된다.

"이것이 비소나 안티몬 중 어느 쪽일 가능성이 있어 이것에다 표백분의 수용액을 가하면 어느 쪽인가를 알 수 있지요."

"이 반점에 표백분의 수용액을 끼얹고 관찰하면 분명히 녹지를 않아요. 그렇기 때문에 이것은 비소라고 할 수 있지요."

많은 범죄 소설 중 비소의 이용에 대해서 이미 새로운 것은 하나도 없다고 말하는 것이 좋겠지만, 세이어즈 여사는 겉보기와는 달리 은폐된 과학적 사실에 근거한 지식을 활용해서 작품의 견고한 골격을 보여준다.

이 작품의 다른 부분에도 치사량의 비소 투여에 의한 생리학적 반응에 대한 의학적으로도 정확한 기술이 있다. 또 생체 조직에서의 비소의 분포, 축적, 그리고 살인에 즈음한 시점에서의 비소 매매에 대한 포장 등을 규정한 영국의 법률에 대해서도 상세한 인용이 포함되어 있다.

여기에 소개한 것은 도로시 세이어즈 여사의 미스터리 가운데서 나타난 과학의 예로서, 책의 일부분밖에 안 된다. 그 외에도 『구리 손가락을 가진 남자의 비참한 이야기』에는 에릭 로더라는 조각가가 희생자에게 황산동과 시안화물의 혼합 용액을 투입해서 전기 도금을 한다.

『벨로나 클럽의 유쾌하지 못한 사건』에는 월터 펜버시 의사가 환자인 노신사용 심장병약을 차츰 증량시키고 있다.

『상자 속의 문서』의 조지 헤리슨 씨는 아인슈타인과 그의 이론을 의논하는 것이 즐겁다고 말하는 인간이고, 존 먼팅은 열역학 제2법칙에 의한 문학 작품 중의 관계에 빛을 쬐여보는 일을 시도하고 있다.

사실에 입각한 과학과 임상학상의 정확한 치료 화학 두 가지는 세이어즈 여사의 추리 소설에서 골격을 이루고 있다고 할 수 있다.

03

주홍색 연구:

1875년의 혈액 동정

Written by 사무엘 M. 거버

셜록 홈스 이야기의 첫 작품 중, 『주홍색 연구』의 발단 부분에서 왓슨 박사와 홈스가 1881년에 처음으로 얼굴을 마주하는 장면이 있다. 이때 홈스는 혈액의 새로운 검출 방법을 발견했노라고 말하고 특이성, 예민성, 간편성에서 이 방법보다 우수한 것이 없다고 호언한다.

이 시험법은 간단한 것으로, '한 방울의 혈액을 1리터의 물로 희석하여(이것은 2만 배~3만 배로 희석한 것과 같다) 아주 작은 백색 결정 물질을 가한 후 투명한 액체 한 방울을 가하면 수용액의 색깔이 둔한 적자색이 되고, 이윽고 갈색 분말 모양의 침전물이 생성된다.'라고 기록하고 있다.

도대체 이 시험법은 어떠한 화학적 성질에 기인한 것일까?

우선 1875년 당시의 사람의 혈액 동정법에 대하여 살펴보자.

1875년의 혈액 시험

첫 번째 동정법은 육안에 의한 것이다. 색조, 건조된 혈액의 특유한 광택, 섬유에 부착된 혈액의 건조 상태 등에 의해서 범죄 조사관은 혈액을 식별했다.

1875년, 당시의 혈액 판정에는 화학 분석도 병행되었다. 다만 이 시험법은 예비적인 것으로, 혈흔이 있다는 추정의 근거를 나타내는 것뿐이었다.

즉 시험 결과가 만약 양성이었다면 더 특이적인 시험법을 더불어 할 필요가 있다. 육안에 의한 최초의 화학적 시험은 지극히 간단한 것이다.

검체를 수용액으로 하여 이것에 묽은 암모니아수를 가한다. 만약 혈액이 함유되어 있다면 이 상태에서는 변화가 없어도 진한 암모니아수를 가하면 갈색으로 변하고, 가열하면 응고가 일어난다.

과이어컴 시험법(guaicum test)은 1875년에 있어 중요한 혈액 시험법이었다. 이것은 오스트레일리아의 존 데이(John Day)가 1867년부터 1869년 사이에 발견한 것으로, 쇤바인(Schönbein)과 벤 딘(Ven Deen)도 관여했다. 과이어컴은 나무 수지로, 검체의 수용액에 과이어컴 수지를 가하고, 과산화수소를 가할 때 혈액이 함유되어 있으면 청색을 나타낸다. 그리고 알코올을 가하면 사파이어와 같이 청옥색으로 나타난다.

이 시험법의 감도는 여러 가지 보고가 있으나 2,000~100,000배로 희석된 물에서도 혈액 검출이 가능하다고 한다. 감도는 과이어컴 수지 자체의 순도에 크게 의존하는 것이라고 생각된다.

정확하게 수지의 조성은 현재 알려져 있지 않지만 과이어콜이 수지로부터 얻어진다고 볼 수 있다. 과이어콜의 유사 구조를 나타내는 페놀로부터 산화가 일어나 트리페놀 메탄계 색소의 하나인 오우린(aurine)이 얻어지는 것으로 알려져 있다. 더 복잡한 골격의 페놀로부터는 색깔이 더욱 진한 것을 얻는다.

혈액의 현미경 시험법은 두 가지 이유 때문에 한계가 있다.

첫째는 현미경 시험으로 포유동물과 그 밖의 동물(조류, 파충류, 어류)의 혈구 구별은 가능하지만, 사람과 다른 포유동물과의 혈구 구별은 불가능하다.

두 번째는 건조한 혈액 역시 대상이 될 수 없다는 것이다.

헤마틴 시험법(hematin test)은 현재 타이히만 시험법(teichmann test)으로 알려져 있지만, 혈액을 식염과 혼합시켜 빙초산과 함께 가열하면 적혈구가 파괴되고 잠시 후 특징 있는 사방형 결정의 갈색 헤민이 생성된다.

헤민은 혈액의 산소 운반체인 헴색소와 염화물과의 반응으로 생긴 것이다. 따라서 헤마틴 시험법은 포유동물의 혈액에만 대상이 한정된다.

셜록 홈스 시험법

1881년 이전에 했던 모든 방법은 전술한 바와 같다. 그렇다면 그 후의 「혈액의 셜록 홈스 시험법」은 도대체 어떤 것일까? 홈스가 기록한 방법은 혈액 색깔을 적색으로부터 적갈색으로 변화시키는 것으로서, 우선 산화 반

과이어콜

오우린

응의 속도를 높이기 위한 산과 산화제의 첨가가 필요할 뿐이다. 홈스가 사용한 가능성 있는 '미량의 백색 결정'과 '투명한 액체 한 방울'이라고 하는 방법을 〈표 1〉에 나타냈다.

표 1 | 셜록 홈스 시험법

무색 결정 (산화제)	투명한 액체 (산)	정색 반응 (투명 액체)
과산화 나트륨 과붕산 나트륨	초산 프로피온산	니트로소페놀+디메틸아닐 린 니트로 소-α-나프톨

이 검출 시스템이 홈스가 나타낸 것과 같이 100만 배로 희석한 혈액에 대해서도 유효하며, 또 사람의 혈액만 특이적으로 반응한다고 단정하기는 어렵지만, 아마도 감도면에서는 앞에서 말한 과이어컴 시험법과 유사할 것이다.

1875년 이후의 혈액 시험

혈액의 검출 시험법은 여러 가지가 있지만 그 대부분은 동일 원리에서 기인하고 있다. 즉 혈액 중의 효소(퍼옥시다제)가 어느 화학 물질의 산화 반응 촉매로서 작용하고, 그 결과 특징적인 정색(呈色)을 나타내는 물질의 생성을 이용하고 있다(〈표 2〉 참조). 이 중에서 최근까지 많이 이용하고 있는 것은 벤지딘이다.

표 2 | 1875년 이래 혈액 동정에 대한 몇 가지 화학적 시험법

정색 시약	정색 색상	감도	발견자
벤지딘	청색	100만분의 1	Adler & Adler(1904)
말라카이트그린 (로이코)	녹색		
페놀프탈레인 루미날 (아미노 프탈하이드라지드 염산염)	담홍색 형광	6백만분의 1	Kastle Meyer
헤모크로모겐	담홍색 침상 결정		Takayama
수산화 나트륨, 피리딘, 글루코스			

$R^1 = R^2 = H$ 벤지딘
$R^1 = R^2 = CH_3O$ 디안니시딘
$R^1 = R^2 = CH_3$ 톨리딘
$R^1 = R^2 = Cl$ 디클로로벤지딘

테트라메틸벤지딘

벤지딘은 1845년에 처음으로 밝혀진 것인데 법의학, 법과학 방면에 응용된 것은 1904년이 최초이다. 홈스가 사용한 특별한 시약이 벤지딘이었을 가능성이 높으며, 결국에는 벤지딘이 발암성 물질이라고 하는 것이 판명되고, 따라서 대체 물질을 찾게 되었던 것이다.

여기에는 디안니시딘, 톨리딘 및 디클로로벤지딘 등이 이용되고 있다.

테트라메틸벤지딘은 발암성은 없지만 여러 가지 이유로 아직 일반적으로 이용되지 못하고 있다.

페놀프탈레인은 현재 많이 사용하고 있으며 안티피린 역시 벤지딘 대용으로 사용되고 있다. 〈표 2〉에 게재된 다른 시약은 예비적인 혈액 검출 시약으로 사용하는 것이다. 벤지딘 유도체에 의한 혈액 시험법은 만족할 만한 방법이지만 결정적인 것은 아니다. 사람의 혈액을 특이적으로 동정 (同定)하는 방법의 최대 진전은 K. 란트슈타이너(Landsteiner)의 연구 성과이다. 즉, 혈액형의 발견에 의한 것이다.

란트슈타이너는 내과 의사였지만 화학을 철저히 공부했는데, 그가 발견한 것은 다음과 같은 것으로, 사람의 혈청이 혈액 중의 혈구를 응집시키는 능력은 개인에 따라서 크게 다르기 때문에, 결국 환자 갑의 혈청은 환자 을의 혈구를 응집시키지만, 환자 병의 혈구는 응집시키지 못한다. 한편, 환자 을의 혈청은 환자 갑, 병의 혈구를 응집시키는 능력이 있다고 하는 상태이다.

1902년까지 란트슈타이너는 사람의 혈액은 크게 4군으로 분류가 가능하며 A, B, AB, O의 네 가지 혈액형으로 결정했다. 일단 이것이 세상에 알려지자 혈액형이 동일한 사람 사이에 수혈을 할 때, 수혈을 받는 환자의 죽음을 불러들이는 것이 용이하게 이해될 수 있도록 했다. 1910년까지 혈액형은 유전하며 그 양식은 전형적인 유전 법칙에 따른다는 것이 명백히 드러났다. 이것은 부자 관계의 소송 및 그 외의 범죄학상 조사에 널리 응용될 수 있었다.

란트슈타이너와 그의 연구 그룹은 1927년 M, N, MN형을 발견하고, 1940년에는 Rh형을 발견했다. 1930년도 노벨의학생리학상이 란트슈타이너에게 수여되었다.

이 책의 7장과 8장에는 혈액의 동정, 특성에 관해서 자세하고 복잡한 현재의 정교한 방법이 상세히 기록되어 있다. 코난 도일 경의 『주홍색 연구』가 혈액 동정의 개량법 발견에 대해서 최대의 자극이 된 것이라고 생각된다.

현대의 법정까지

04

법과학:
변화 추세

Written by 리처드 세이퍼스타인

    범죄 수사에 과학을 응용하려고 하는 생각은 전 세기 말부터 금세기 초에 걸쳐 아더 코난 도일 경의 추리 소설에 기원을 두고 있다고 말할 수 있다. 그러나 홈스를 창조자라고 치더라도 오늘과 같이 광범위한 분야로까지 과학이 응용되리라고는 상상조차 할 수 없었을 것이다. 미국만 하더라도, 현재 공적인 범죄 수사 연구실이 약 250여 곳이 있고 약 3,500명의 과학자가 범죄 현장의 증거에 대한 과학적 조사를 실시하는 데 종사하고 있다. 그러나 이 숫자는 상당히 줄인 계산으로서 법의학적인 조사에 종사하고 있는 모든 연구실 및 연구 기관을 총망라한 것은 아니다. 이 외에도 다수의 사설 연구소, 자문기관이 있으며 법과학 분석에 종사하고 있다.

    외국에서의 법과학 연구 기관의 통계도 매우 흥미 있는 통계적 데이터를 제공한다. 즉, 영국에서는 잉글랜드와 웨일스만 해도 국립 법과학 연구기관이 9개소나 있고, 600여 명 이상의 연구원이 종사하고 있다. 이 책의 다음 장에서는 필자가 각기 근대적인 법과학자들이 과정화한, 즉 정석화한 여러 가지 분석 기술에 대해서 서술하고자 한다. 그렇지만 이 기술에 대해 탐구하기에 앞서 예비지식으로서 다음 사항을 알고 싶은 욕심이 생기는 것이다. 즉 법과학자, 특히 법화학자를 '분석화학 외에 여러 가지 분야와 양립하는 것과 같은 방면에서 활약하고 있다'는 것으로 볼 필요는 없다. 물론 법과학자의 눈앞에 보이는 검체는 일반적으로 과학자가 취급하는 것과는 매우 다르다. 그러나 방법이나 철학이 다른 점보다는 공통점이 훨씬 더 많다는 것이다.

범죄 수사 연구실의 환경에 불쾌감을 갖거나 매혹되어 빠지기도 하는 분석화학자는 예외적인 것이다. 실제로, 법과학 연구의 일련의 진보에 대한 최대의 장애가 되는 것은, 법화학을 분석화학의 부류에 합류시키려고 하는 데 대한 실패에 있다. 이 실패 때문에 법화학자와 일반 분석화학자 사이에 정보 교환이 저해되고, 분석화학자가 법화학 문제를 해결하려는 것도 자신의 연구 내용을 새로이 바꾸는 것에 대하여 크나큰 실망을 했기 때문이다.

이 저서와 같은 간행물은 화학자 상호 간의 데이터 및 정보 교환을 위해서 견고한 기반을 형성하려는 것으로서, 최종적으로는 법과학에 직접이건 간접이건 관계 있는 모든 과학자에 대하여 예기치 못한 아이디어를 발상하게 하는 데 있다.

발단

법과학자는 최근 분석 방법의 기기화 진전의 혜택을 상당히 받고 있다. 그런데도 법과학자에게 최신형 분석 장치를 자유자재로 이용할 만큼 경제적인 뒷받침이 허용되는 것은 아니다.

프랑스의 유명한 범죄학자인 에드몽 로카르는 『셜록 홈스의 모험』과 그 밖의 같은 시대의 작품에서 용기를 얻고, 리옹의 경찰 수뇌부를 설득해서 세계 최초로 범죄 수사 연구실을 만드는 데 성공했다. 1910년, 로카르의 연구실은 지방 재판소의 건물 2층에 방 두 개를 얻어 현미경 한 대와 분광기 하나만을 준비했다. 머지않아 로카르는 분진과 미립자의 특질 판별에서 권위자가 되었으며, 이 미립자 및 분진은 두 표면이 접촉했을 때, 마찰에 의해서 상호 그 흔적을 표면상에 남긴 결과라고 생각했다. 로카르는 이와 같은 미립자가 상호 교환, 이동하는 것의 중요성을 이용하여 당시 세계의 주목을 받고 있던 유명한 여러 사건을 해결하는 데 이용했다. 로카르의 성공은 오늘날 과학이 범죄 수사에서 수행할 만한 역할의 중요성을 마련하는 기초를 구축했다고 말할 수 있다.

로카르에 한정되지 않고 그와 같은 시대의 사람들은 일반적으로, 넓은 지식과 범죄 현장에서 수집된 여러 가지 검체를 스펙트럼 분석에 응용하는 것에 자부하는 바가 매우 컸다.

우리는 관심이나 탐구의 눈에서 벗어난 것은 실수다라고 말한다. 피곤함을 모른 셜록 홈스가 혈액 동정, 토양의 분석, 지문 및 필적 감정 등 많은 분야에 관여한 것은 이미 다 아는 바와 같다.

오늘날의 법과학자

오늘날의 법과학 사정은 철학적으로도 큰 변혁을 거쳐 왔다고 말할 수 있다. 다종다양한 분석기기와 과학 지식의 급속한 증대는 법과학의 모든 영역에 걸치는 복잡한 사항을 포함하여, 파악할 수 있는 모든 것을 실행하는 데는 엄청 천재적인 사람만 가능하게 되었다.

이것은 인간이 개척한 다른 분야에서도 똑같은 양상이지만, 고도의 특수화와 팀워크가 범죄 수사 분야의 시험에서도 필요한 것처럼 되었다. 질량 분석계, 주사형(走査型) 전자 현미경 등의 복잡한 장치의 운영과 유지는, 혈흔의 특징과 합성 섬유의 시험 등을 전문으로 하는 분석 자료로서는 또 다른 별도의 재능과 수련을 필요로 한다. 또 어느 분야에서는 다년간의 반복 시험에 의해서 눈에 익혀지는 것으로서 즉, 신과 같은 감별도 가능하게 되는 것이 많다. 즉 모발의 감별이라든가, 총탄의 구별, 공구흔(tools mark) 및 필적 감정 등의 분야가 그렇다. 따라서 경험 연수와 시험 결과의 축적량은 시험자의 능력 및 기량을 판단할 때 훌륭한 기준점이 된다.

이외의 전문 분야에서도 이론상의 지식과 실제의 비법을 융합하여 탁월한 능력을 발휘할 수 있게 된다. 즉 전기영동으로 혈흔 속에서 검출되는 것 중에서 선천적으로 나타나는 단백질 패턴은 저장 기간, 연령, 생화학상 혹은 분석상의 여러 가지 요인에 의해서 영향을 받는다.

이들 요인의 각각으로부터 받은 영향의 정도에 대한 이해와 눈대중으로 가능한 결과가 정당한 서술이나 평가 등이 될 수 있는 것은 아니다. 그 때문에 꽤 많은 실제 경험과 학문적인 기초 지식의 뒷받침을 필요로 한다.

현재 전문화, 세분화의 경향은 실제로 의심할 바 없이 뚜렷이 진행되고 있다. 전문가에게 이와 같은 진보에 다양성이 풍부한 시료를 지속적으로 접한다는 것이 좋은 징조는 아니다.

왼손이 하는 것을 오른손이 알 수 있고 또 할 수 있을까? 그와 같은 근심 걱정은 이해할 수 있다고 하더라도 깨뜨릴 수 없는 것은 아니다. 만약 연구 기관 전체의 일이 연구소 내의 스태프의 의무만은 아니라도 모두 접촉할 수 있기 때문에 무리하게 전부를 몸에 익힐 필요는 없다.

연구원은 자신의 결과를 이해하기 위해서 반드시 전원이 분광(分光)기사나 혈청학자가 되는 훈련을 받을 필요는 없다는 것이다. 범죄 수사 연구실에서 다루는 모든 방법은 적당한 크기의 교과서로 만들 수도 있고 바로 간행도 할 수 있다.

그러므로 법과학의 연구원을 고용할 때 모든 분야의 조작 개념을 파악하는 것을 요구하는 것이 그럴 만한 가치가 있는 것은 아니다. 사려 깊은 관리를 위해서는 단시간이라도 좋으니까 연구실 안의 각각의 연구원을 원활하게 회전시켜서 여러 가지 연구 개략을 파악하게 하는 것이다.

개개의 일을 따로따로 구분해서 할 수 있을 만큼 큰 연구실에서는 여러 단계에서부터 연구소의 책임자에 이르기까지를 교묘히 취합, 총괄하는 시스템의 존재가 불가결하다. 이와 같은 시스템을 만들면 실험 전문가들 사이의 의사소통을 좋게 하고 협력 체제에 큰 이익을 가져다준다. 어떤 의미로는, 법과학자는 자신 개인의 구별에 신비로움과 관념을 잃는다고 말한다.

확대경이나 현미경을 열심히 관찰하는 것만이 독특한 연구자라고 생각하는 것은 이미 과거의 것이 되었다. 대신 여기저기 검은 상자(회색, 갈색, 녹색의 것도 있을지 모르지만)가 가득히 놓여 있는 실험실에서, 디지털 그래프를 앞에 놓고 작업을 하는 분석자 팀의 생각을 밝히게끔 연구를 계속한다. 실제적으로 이 현대적인 법과학의 사고만이 전체적으로 정확한 것은 아니다.

오늘날과 미래의 기술

과거 20년간 각종 기기화가 진행되고, 법화학자에 의해서 이용 가능한 측정기기와 조작법에서도 극적인 변화가 있었지만, 이들 기기로부터 알아낸 데이터의 유의성을 판단하고 정확히 기술하는 것은 역시 인간의 공헌을 필요로 하고 있다.

하지만 그렇다고 해도 주관적인 데이터보다는 객관적인 데이터에 무게를 두고 수집하는 풍조가 뚜렷해졌다. 이 풍조는 법과학이 장래에도 신뢰도와 공정하다는 평가를 유지하기 위해서는 무엇보다도 필요한 것이다.

즉 법정에서 고명한 심리학자들이 동일 대상을 두고 검토한 결과가 모조리 정반대의 견해에 도달한다고 하면, 현대의 다양한 양상은 이해될 수 있어도 얼마나 맥이 풀리는 일일까?

법과학 중에서도 분석자의 솜씨에 완전히 의존하고 있는 분야에 있어서는 전문가들 사이에 서로 모순된 결과를 가져올 가능성도 있기 때문에,

배심에 대해서 어느 것이든 똑같은 설득력을 갖지 못한다는 사실을 경험상으로 알고 있다.

이런 사태가 종종 일어나서 세상의 주목을 모으고 있는데, 이러한 것이 일어나면 법과학에 대한 환멸감을 현저히 증대하는 결과가 된다. 다행인 것은 새로운 기술의 덕택으로 물리적 과학과 자연과학 쪽에서는 아직 이런 눈으로 보지는 않고 있다.

물론 법과학 전 분야에 대해서 보면 아직도 주관에만 의존하는 것이 있다. 완전히 객관적인 것이 되고 있는 것은 드물다.

그러나 개선의 폭은 차츰 높아가고 있다. 즉 현행 육안에 의한 색조 비교도 마이크로스펙트럼 포토미터로 가능하게 되었다. 필요하면 얻은 스펙트럼의 정보를 전문가에게 제공하기도 하며 변호사나 판사에게 동일한 결과를 첨부해 제출하는 일도 가능하다.

동일 모양의 기기 분석 진보 결과로 법화학 분석에서도 객관적인 접근을 달성하기 위한 연구가 계속되고 있다. 지금은 컴퓨터에 관한 기사가 실리지 않는 신문이나 잡지를 보기가 어려워졌다. 퍼스컴은 확실히 컴퓨터를 개인의 거실로까지 침입시킨 것임이 틀림없다.

그렇다고는 하지만 컴퓨터 자체는 분석 연구실에 그렇게 새로운 것은 아니다. 오래전부터 실험실에서 얻는 대량의 데이터 수집, 축적을 가능하게 하는 시스템이 존재하고 있다. 다만 컴퓨터가 아직은 값이 비싸기 때문에 법과학 연구실에 이것을 비치한 경우는 열거할 정도밖에 되지 않는다.

저렴한 가격의 컴퓨터의 등장으로 여러 연구실에 있는 마이크로컴퓨터를 전화 회선에 연결하여, 국가적인 스케일의 대형 컴퓨터에 연결하는 일이 가능해졌다. 이것이 실현되면 유리, 도료, 타이어의 압흔(壓痕), 타이어의 자국, 헤드라이트 등에 대한 대조 정보의 많은 수집이 가능하게 된다.

미국에서는 범죄 수사 연구실에 있는 흩어진 단편적인 정보를 전자적(電子的)으로 수집해서 단일의 것으로 종합하는 시스템이 계획되고 있다. 컴퓨터는 연구실 내의 데이터에 한한 것 이외에도 더 중요한 역할을 한다.

용매, 도료 및 플라스틱 등의 크로마토그램은 현재도 아직 사람의 손으로 비교, 평가가 행해지고 있지만, 알고리즘으로 인한 패턴 인식으로 더욱 상세한 조사도 가능하다. 문제가 되는 검체와 대조 시료와의 비교도 정밀한 확률론적 수법을 이용한 판단과 평가가 가능하게 되어 주관적인 편견을 배제할 수 있다.

지금까지 기술한 것은 꿈속의 이야기로, 현실성이 결여된 것도 있지만, 실제로 이것만 봤을 때 불합리하거나 비현실적인 것은 아니다. 컴퓨터화와 통신 방식의 진전은 수년 전의 예측에 비해서는 크게 진보되었다.

법과학은 이들이 일으키는 사태에 대해서 이제 슬슬 채비를 갖출 필요가 있다. 컴퓨터 네트워크를 통한 데이터와 정보가 교환되게 되면 분석법과 조작법 등의 표준화가 무엇보다도 먼저 요망된다.

셜록 홈스의 과학적인 공적이 1980년대에는 진부한 이야기처럼 받아들여졌지만, 이때(1980년대) 필자가 상상하고 있는 기술의 혁신과 진전은 21세기의 법과학자에게 지극히 당연한 것으로서 감지될 것으로 전망된다.

05

화학과 범죄의 도전

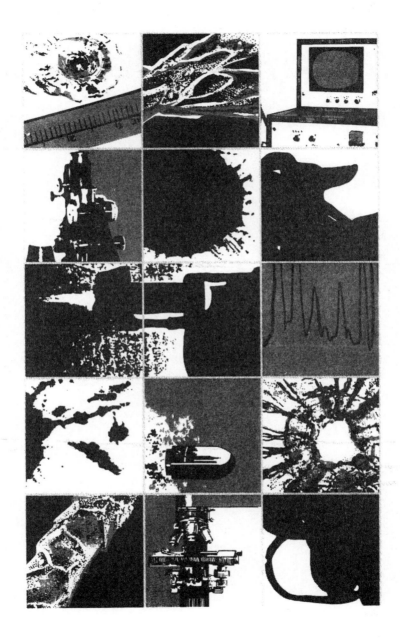

Written by 피터 R. 드 포레스트,
니콜라스 페트라코,
로렌스 코빌린스키

법과학에 대한 정의는 여러 가지가 있겠지만 그중에서 가장 널리 세상에 받아들여지는 정의는 '법과학은 법률적 물질에 대한 과학의 응용이다'라고 말하는 것이다. 그러므로 법과학은 그 자체가 지극히 넓은 범위를 포함하고 있으며 그중에는 특색 있는 많은 부문이 내재하고 있다.

법과학자는 이미 확립된 각종 학문 분야로부터 각종 지식과 방법을 도출해 내어 자기 책임과 의무를 수행하는 것이 된다. 즉 화학이 있고 물리학, 생물학 등이 배경이 되는 학문 분야가 있는데, 이들을 종합하여 새로운 수법을 개발하기도 하고 특별한 수요에 부응해서 하는 일도 있다.

법과학이라고 말하는 학문의 포괄 범위가 정식으로 확립된 것은 19세기 말로 거슬러 올라간다. 물론 지금까지 100년간에 걸쳐서 법과학자가 수행한 역할은 본질적으로 거의 변화하지 않았지만 이미 우리는 코난 도일의 넘치는 상상력과 동시에 선견지명이 풍부한 작품들 가운데서 보아 온, 셜록 홈스와 같은 인물로 요약되는 원맨쇼를 연출할 수는 없다. 홈스와 같이 백방으로 통달한 인물에 의해서 복잡한 현실 문제를 종합적인 접근 방법으로써 처리한다면, 가치가 높을 것은 말할 나위가 없겠지만, 현실적으로 재판 관계의 여러 분야에서도 한 가지만의 특정 분야에 대한 전문가가 있는 것이다. 즉 병리학, 독물학, 치과학, 의문시되는 문서나 필적의 감정, 범죄 수사학 등이 그것이다.

범죄 수사학은 확립된 넓은 내용을 포함하고 다종다양한 학문 분야로부터 성립한다.

캘리포니아주 범죄 수사관 협회에서는 범죄 수사학에 대하여 다음과 같은 정의를 내리고 있다. 즉 "이 직업 및 과학적 분야는 자연과학을 법과학적인 물건에 응용하는 것에 의해서 물적 증거의 인식, 동정, 식별, 평가를 행하는 것을 목표로 하는 것이다."

범죄 수사학은 여러 가지 종류의 증거물 분석을 취급한다. 따라서 범죄 수사관은 화학의 원리, 개념, 방법론에 현저히 의존하는 것이 된다. 그렇지만 정교한 분석 수법은 법과학자가 직면한 가장 곤란한 과제에 대해서는 부적당한 것이 적지 않다. 그 때문에 미해결인 채로 이들에 도전하는 문제는 지극히 복잡한 것으로서 일반적인 지식과 더불어 많은 전문 분야에서의 심오한 지식을 필요로 하고 있다.

지금까지 말한 전문 분야에서는 검경, 미량 화학, 광학적 결정학, 기기 분석, 혈청학, 면역 화학, 유전학, 물리학, 방화(放火)연구 그리고 범죄 현장의 재구성 등이 포함된다. 이상적인 범죄 과학자는 위의 여러 분야 중 적어도 한 가지 또는 두 가지 분야에는 전문적으로 정통하고, 그 위에 전반에 걸친 넓은 지식을 지닌 일반주의자이어야만 한다.

여러 가지 여분의 전문성을 겸비한 범죄 과학자는 물적인 증거의 해석, 그 결과를 기본으로 범죄를 재구성하는 등 훈련받은 팀을 만들어서 서로가 공동 작업을 하는 일이 적지 않다. 다만 형법의 영역만이 범죄 과학자의 활동 분야는 아니다. 과학적인 전문가로서의 의견이나 여러 가지 기술은 시민 생활에 관한 연구에도 응용이 가능하다.

법과학자는 범죄 사건에 접하여 피고인이 유죄인가 그렇지 않으면 무죄인가를 결정하는 사법적 체계에 대해서 과학적인 의미 있는 정보를 제공하는 것이라고 말한다. 지극히 중요한 임무를 띠고 있다.

법과학자가 직면하는 것 중에서 의욕을 북돋우는 과제는 두 가지이다. 즉 개별화와 재구성이다.

개별화는 범죄 과학에 있는 특유한 것으로써 두 종류의 증거물이 동일한 기원에 근거하는 것도 있다는 것을 물리 화학적인 정보를 구사하여 증거를 만드는 일이다. 즉 뺑소니 사건의 현장에서 얻은 도료가 용의자의 차에서 나온 것인지, 용의자의 옷에 묻은 혈액이 희생자의 것인지 등의 의문에 대해서 연구를 하는 것이 '개별화'이다.

'재구성'은 현장과 실험실에서 과학적인 연구 결과로서 얻은 모든 정보를 해석하여 범죄 현장에서 실제로 일어난 일의 순서를 상세하게 결정하는 일이다. 이 때문에 범죄 과학자에게 요구되는 역할은 바로 고고학자가 유적을 발굴하여 얻은 물적인 증거를 조사해서 과거 인간 생활의 양식과 습관 등을 조합하는 것과 공통되는 것이라고 말한다.

범죄 과학자의 활약 태도와 그 화학에 대해서 어느 정도 밀접한 관련을 가진 것인가를 관련 짓는 것이 이 장의 주된 초점이 된다.

역사적 배경

범죄 수사 분야에 처음으로 과학적인 응용을 조직적으로 도입한 것은 한스 그로스(Hans Gross)로 거슬러 올라간다.

역사적으로 살펴보면, 그로스는 1893년에 이 분야의 고전이라고 일컬어지는 『검시관의 입문서』를 저술했고, 영어의 범죄학(criminalistic)을 기초로 'kriminalistik'라는 말을 만들었다. 그로스는 범죄 연구자가 여러 과학자의 전문 의견을 도움받아 법정에서 이용할 수 있는 증거를 제공하자는 철학을 주장한 바 있지만, 그는 과학자가 아닌 재판관이었기 때문에 자신은 법과학의 진보에 기여했다고는 생각지 않는다.

법과학의 방법론상 초기의 진보에 커다란 공헌을 한 사람은 프랑스의 에드몽 로카르(Edmond Locard)이다.

로카르 박사는 1910년 리옹의 경시청에 과학 연구실을 만들고 스스로 그 주임이 되었다. 후에 범죄 과학 연구소의 소장이 된 그는 다양한 새로운 기법을 창시했다. 그의 이러한 새로운 학문에의 공헌은 당시 일류의 범죄 과학자로서뿐만 아니라 모든 근대적 사법체계 속에 과학적인 증거의 가치와 필요성을 설명한 선견지명이 있는 경찰 장관 덕분이었다. 장관은 연구자였던 로카르를 세계적으로 인정해 주는 결과가 되었다. 1920년대에는 유럽 전역의 각국에 법과학 연구실이 설치되었다. 미국에 최초의 범죄 수사를 위한 과학 연구소가 만들어진 것은 로스앤젤레스로 1923년의 일이다. 6년 후 시카고의 노스웨스턴 대학에 두 번째로 범죄 과학 연구실이 개설되었다. 이 연구실의 개설은 '성(聖) 발렌타인데이의 대학살'에서 처음으로 위기감을 느낀 것의 직접적인 결과로서 생긴 것이었다.

1930년대가 되면서 연방 수사국(FBI) 산하의 새로운 범죄 과학 연구실이 뉴욕과 워싱턴(콜롬비아 D. C.)에 개설되었다.

범죄 수사학이 과학의 일부분으로서 학문적인 지위를 획득하게 된 것은 캘리포니아 대학 버클리 분교의 폴 L. 키크 박사의 공헌이 크다. 키크 박사는 법과학자의 훈련 프로그램을 만들었고 확립된 과학 분야에서의 방법과 기술을 가르치는 일에 헌신했다. 그는 과학적인 수법을 사법상의 어려운 문제에다 응용하면 복잡한 문제도 쉽게 해결할 수 있게 된다고 말했으며 과학적 수법의 응용을 확산하는 데 힘썼다. 그러나 이것은 그렇게 간단한 사업이 아닌 것만은 확실하다.

오늘날의 가능성

응용과학적인 방법의 대부분은 주로 어떤 주어진 물질을 동정(同定)하는 일이다. 즉 어떤 화합물, 광물, 식물 등의 동정이다.

한편 법과학자는 증거물의 특정 품목에 대하여 동정만으로는 불충분한 것이라고 생각한다. 단순한 동정에 덧붙여서 많은 경우, 특정 또는 공통의 기원에 관련 있는 일들을 밝혀야 할 필요가 있다.

결국 다시 말하면 개별화가 요구된다. 즉 어느 살인 희생자의 손톱에서 채취된 청색 나일론 섬유가 있다. 법과학자는 이것을 동정하지 않으면 안 된다. 이 경우 문제의 섬유를 단순히 '청색 나일론'이라고 감정하는 것만으로는 실제로 아무런 가치가 없으며 특별한 기원 즉 '용의자의 나일론제 셔츠'가 어떤 것인가를 알고서야 의미를 갖는다.

따라서 법과학자로서는 문제의 청색 섬유가 용의자의 셔츠로부터 찢긴 것과 같은 섬유로 인식되는 다른 섬유 제품에 유래하는 것인가를 결정하지 않으면 안 된다. 이 과제가 지극히 중요하면서도 동시에 아주 어려운 작업이라고 하는 것은 적지 않은 경우, 특정 증거물에 대해서 논의의 여지가 없도록 특정 기원을 결정하는 것이 불가능하기 때문이다.

그래도 일반 사람들은(TV 드라마의 영향이라고 생각되지만) 물론 꽤 많은 경찰관이나 변호사까지도 거의 증거물에 대한 특정인이나 장소 또는 물건의 개별화가 가능한 것이라고 믿고 있다.

유리 조각, 도료 조각, 로프의 단편, 약, 그 밖의 어느 것이라도 특정 혹은 공유 기원의 문구로 판명되면, 믿는 사람의 수는 결코 적지 않다.

물론 모든 물체에는 여러 가지 개성이 있는 것이 사실이다. 하지만 많은 경우, 결정적인 개별화를 수행하는 데에는 과학적인 수단이 아직 부족하다.

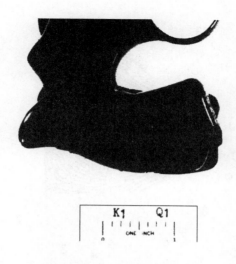

그림 1 | 파손된 권총 손잡이의 톱니 맞춤

현재의 경우, 정말로 개별화가 이루어진 물적 증거물이 되는 것은 그것만으로 많지는 않다. 이 가운데는 지문, 족적, 타이어 자국, 파편의 톱니 맞춤, 공구 자국, 탄도상의 증거 등이 포함된다.

〈그림 1〉, 〈그림 2〉에 두세 가지의 실례를 나타냈다. 이들 이외의 증거물의 대부분은 지금까지 공통의 기원에 대해서 특이적으로 귀속시키는 것이 어려운 단계이다.

얼마 전까지 법과학자가 시험에 이용한 수법은 여러 가지 증거물(도료의 파편, 유리 조각, 모발, 섬유, 정액, 사격 후의 찌꺼기, 폭발물, 방화 물질) 등에서 이미 알고 있는 물건과 같은 모양을 한 것이 있느냐 없느냐를 확인할 수 있는 것들뿐이었다.

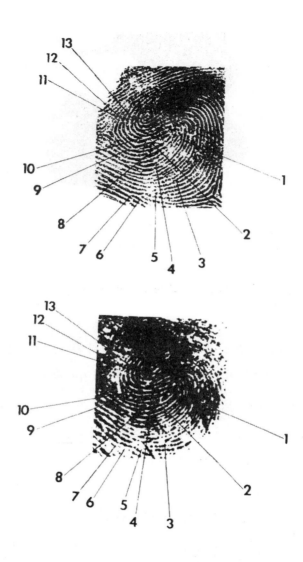

그림 2| 용의자의 지문(상)과 범죄 현장에서 채취된 지문(하)과의
13개소의 동일 부분을 나타내는 법정용 그림

만약 이 양자가 어떤 의미를 갖는 차이를 나타내면 동일 기원에서 얻은 것이 아니다. 현재는 꼭 이러한 새로운 수법이 도입되고 기기 분석 등의 활용에 의해서 물적 증거에 대한 특정 기원을 결정하는 목적에 꽤나 접근하고 있다.

이와 같은 비교적 새로운 방법은 범죄 수사관의 능력을 비약적으로 확대시켜 놓았는데, 아래에서 간단히 몇 가지를 소개해 본다.

주사형 전자 현미경

셈(SEM)이라고 약칭되는 주사형(走査型) 전자 현미경은 범죄 수사의 여러 가지 영역에서 널리 이용되고 있다. 이 장치의 특색은 고분해능과 고배율 및 응용 범위가 넓어서 많은 수의 법과학 시험법 중 우선 첫째로 거론되는 것이다.

과거 10년쯤 사이에 간행된 논문과 단행본 중에는 법과학의 여러 가지 시험에서 주사형 전자 현미경의 활용을 주장하고 있는 것이 많다.

주사형 전자 현미경에는 가늘게 쪼개진 전자빔이 시료의 표면을 주사해서 그로부터 방출되는 2차 전자를 모아서 브라운관의 화면에 표시한다. 확대비, 다시 말해서 비율을 브라운관의 화면의 크기와 시료의 주사 영역의 크기의 비로서 볼 수 있는 것이 간단해서 좋다.

그러므로 시료의 극히 일부분만을 주사하면 배율이 커진다. 10배로부터 20만 배 범위의 배율이 선택된다.

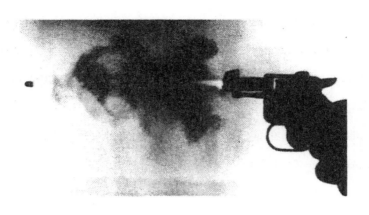

그림 3 | 탄환 발사 때 총신으로부터 방출된 발포 잔사물

가늘게 쪼개진 전자빔이 시료의 표면에 충돌하면 여기서부터 X선이 방출된다. 이 X선은 성분 원소의 특유한 파장이기 때문에 X선 마이크로 분석기를 주사형 전자 현미경에 장치하면 검체 중의 원소 동정이 가능하게 된다. 이 원소 분석법은 발포 잔사(殘渣: 찌꺼기) 검출에 한하여 지극히 유효한 것으로 알려져 있다.

일단 총으로부터 탄환이 발사되면 화약의 폭발 잔사는 큰 구름이 되어 총구로부터 배출된다(그림 3).

이 잔사는 뇌관 추진약, 탄환, 탄피, 윤활제 등이 근원이다. 그리고 이 속에 존재하는 미립자는 특정 총기, 탄약포에 고유의 현상과 원소 조성을 갖고 있다.

현재 주사형 전자 현미경은 발포 잔사 가운데에 이들 특정 미립자가 존재하고 있는가를 검출하는 데 널리 이용되고 있다. 그렇다고 하더라도 발

포 잔사의 과정화된 분석을 위해서는 반자동화 주사형 전자 현미경법의
개발이 요망된다.

열분해 가스 크로마토그래피

합성 섬유 및 도료 등의 법과학적 연구에서 열분해 가스 크로마토그래
피(PGC)가 매우 효과적인 수법이라고 하는 것은 꽤 오래전부터 알려져 왔
다. 다만 이 열분해 가스 크로마토그래피가 법과학에서 큰 가치를 인식하
게 된 것은 아직 20년이 채 안 된다.

지금까지 말한 '열분해'라고 하는 것은 간단히 분해될 수 없는 고분자 물
질 등에 열을 가하여 더욱 간단한 분자의 단편으로 분해하는 것을 말한다.

이 경우, 산소가 없는 조건 하에서 열분해를 하게 된다. 시료로는 5마
이크로그램(μg)으로부터 50마이크로그램 정도의 섬유나 도료를 채취해
서 가느다란 석영관에 넣고 피드백(feed back) 제어 시스템의 완전한 가
열 장치에 의해서 필요한 온도에 이르게 하여 수 초간 도달시켜서 열분해
를 하게 한다.

열분해로 생성된 휘발성 물질은 가스 크로마토그래피의 시료 도입
부에 유도되고 컬럼에서 분리되어 여러 가지 특징적인 시료의 피로그람
(pyrogram)을 얻는다.

이 피로그람을 동정하기 위해서 적외선 흡수 스펙트럼의 지문 영역과
같은 것으로 비교한다.

합성 섬유나 도료 가운데의 중합체 등에 대해서는 열분해 가스 크로마토그래피의 표준적인 분석법이 모두 만들어져 있다. 고감도와 특징 있는 피로그람이라고 하는 두 가지 장점을 활용하면, 이 열분해 크로마토그래피는 합성 섬유나 도료 등의 검체를 처리하는 데는 지극히 가치가 높은 수법이다.

가스 크로마토그래피 – 매스 스펙트로메트리

마약에 대한 싸움에서 가스 크로마토그래피(GC)와 매스 스펙트로메트리(질량분석; MS)와의 공동 작업은 법과학자의 여러 가지 무기류 중에서도 아마 최강의 것일 것이다.

가스 크로마토그래피는 복잡한 혼합물을 여러 가지 성분으로 나누는 것이다. 한편 매스 스펙트로메트리는 고감도, 고특이성을 특징으로 하기 때문에 이 양자의 결합에 의해서 매우 강력한 분석 수단이 된다.

가스 크로마토그래피

가스 크로마토그래피는 복잡한 혼합물을 분리·분석하는 수법의 하나로서, 분석할 시료를 가열시켜 기화하여 불활성 가스로 연속적으로 흘려보낸다. 이 불활성 가스는 캐리어 가스라고 불리며, 시료를 함유한 가스는 고정상이 들어 있는 컬럼을 통과하면서 시료 중 각 성분이 고정상과 이동상(캐리어 가스)과의 사이에 분배차가 일어나 컬럼을 통과한 후에는 분리가 된다. 컬럼을 나온 가스는 검출기에 연결되는데 이것이 레코더에 연결되어 기록되면서 크로마토그램을 얻게 된다.

　시료는 가스 크로마토그래피용으로 조제하여 우선 가스 크로마토그래피 쪽에 주입한다. 컬럼으로부터 흘러나오는 기체는 여러 가지 분리 장치로 나누어진다. 흘러나온 기체의 일부는 불꽃 이온화 검출기에 도입된다. 남은 용출 기체는 분리용 계면에 도입된 캐리어 가스(carrier gas)를 나누어 가져, 매스 스펙트로미터의 입력부에 접속한다.

　지금까지 이온화가 일어나서 전하를 가진 분자와 원자 등이 생성하는 것으로서 이것을 매스 스펙트로미터로 분리 확인, 정량(定量)한다.

　〈그림 4〉는 GC-MS의 자동 자료 처리 시스템의 개략적인 도식이다.

　GC-MS 분석으로부터 공급된 여러 가지 자료는 신속하게 또 의문의 여지 없이 약품을 동정할 수 있다. 더욱 중요한 것은 GC-MS를 이용하면 문

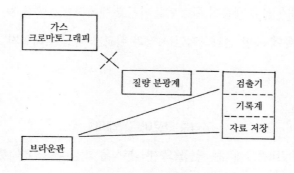

그림 4 | GC-MS 자동화 동정 데이터 시스템

제의 마약도 개별화가 가능하게 되는 길이 트여서 좋다.

코카인 외에 가두에서 취급되고 있는 마약에는 대량의 증량제가 들어 있어서 사실상 마약은 극히 조금밖에 없다. 이들의 대부분을 차지하는 희석제는 보통 값싼 것이다. 즉 카페인, 키니네, 리도카인, 프로카인, 설탕 등이 사용된다.

GC-MS에 의하면 이 복잡한 혼합물의 신속한 분석이 가능하고 마약 수사관에게 문제의 마약 즉, 전체 조성에 관한 정보를 제공하는 것이 된다.

이렇게 해서 얻은 정보는 대부분 약물을 단속할 임무를 지닌 비밀 수사관에게는 큰 가치가 있다. 이 데이터는 마약 수사에 있어서 부정한 마약의 시료를 실마리로 그 기원을 추적하는 일에 가능성을 부여하고 암거래 취급 업계의 상부 조직에까지 수사를 진행하는 데 큰 도움이 된다.

박층 크로마토그래피

여러 가지 섬유 제품이 새로 만들어지고 세계적으로 유통·이용되는 데 따라서 섬유에 대한 법과학적인 시험과 비교가 점점 어려워지고 있는 형편이다.

박층 크로마토그래피

박층 크로마토그래피는 혼합물의 분리분석을 하는 수법의 하나로서, 알루미나 및 실리카겔 등의 다공질 매질을 얇게 층으로 유리판이나 플라스

틱판 위에 코팅한 것을 사용한다. 혼합물 시료의 소량을 박층의 끝부분에 스포팅하고 적당한 전개 용매에 담그면 용매가 박층의 윗부분으로 이동한다. 혼합물 시료의 여러 성분은 다공질 층에서 각각 다른 속도로 진행하기 때문에 물질은 각각 분리되어 반점으로 나타난다.

모발과 섬유의 법과학적 시험법에 대해서 논문을 쓴 래시(Rash)는 합성 섬유의 염색 과정에서 사용되는 도료를 추출하여 서로 비교하는 시험까지 연구한 것을 제시했다.

박층 크로마토그래피(TLC라고 약기한다) 시험법은 비교적 최근에 이 목적을 위해서 개발된 방법 중 한 가지이다.

이 시험법은 검체인 섬유로부터 도료를 추출, 분리하고 이것을 기원으로 하는 유사한 섬유로부터 얻은 도료와 비교하는 것이다. 이 방법에 의하면 현미경에는 동일한 것처럼 보이는 섬유의 감별에서 판별 능력을 비약적으로 향상시킬 수 있다.

박층 크로마토그래피는 세미마이크로(semimicro) 정도의 섬유 시료로부터 도료를 추출한다. 이 방법은 본래의 섬유 자체를 상하게 하는 것이 아닌, 즉 비파괴적 방법이기 때문에 섬유 자체는 다른 분석의 대상이 되기도 하거나 법정 자료로서 제출할 수 있는 상태로 남아 있을 수도 있다.

추출된 도료를 박층 크로마토그래피의 패턴과 비교한다. 직물의 염색에 사용된 염료는 순수한 단일 색소를 함유한 것은 아니다. 우선 주성분 외에 미량 성분을 분리하지 않으면 안 된다.

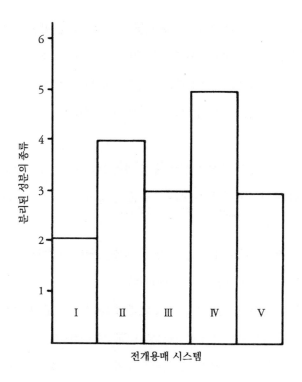

분리된 성분의 종류

전개용매 시스템

그림 5 | 동일 시료인 산성 오렌지(12B)를 사용하여
5종의 다른 용매 시스템으로 분리한 경우의 분리력

이런 종류의 도료를 분리해서 비교를 성공시키기 위해서는 박층 크로마토그래피의 전개에 이용되는 용매계를 어떤 것으로 선택할 것이냐고 하는 것이 지극히 중요하다.

산성 오렌지 128종을 시료로 하여 5종의 전개 용매계에서 전개한 결과를 정리한 것을 〈그림 5〉에 나타냈다.

제1용매로 검출될 수 있는 성분은 2종으로 보였지만 제4용매에서는 5종의 성분이 따로 확인된 것을 알 수 있다.

대부분의 직물 섬유는 여러 가지 색소의 혼합물로서 즉, 여러 염료로 염색되어 있기 때문에 제4용매의 전개 용매를 사용하면 더욱 복잡한 색소의 혼합물을 가진 시료라도 여러 가지 색조가 다른 상태로 분리되어 직물의 성분 색소를 식별할 수 있게 된다.

현미경으로 볼 때는 동일 색조로 인해 같은 기원의 것으로 보이는 섬유라도 합성 섬유일 수 있으니 이를 쉽게 판별하기 위해서는 박층 크로마토그래피를 자주 이용해야 한다.

융해 검경법

결정 물질 및 유사 결정성 시료의 가열 냉각에 수반된 형태(물리적인 구조)와 광학적 성질(빛의 흡수, 굴절) 등을 연구하는 방법을 "융해 검경법(融解檢鏡法)"이라고 부른다.

많은 법과학자에게 증거물로서의 섬유의 가치는 토론의 소지가 많다. 광학적 방법에 의한 합성 섬유 감별법이 법과학 시험에서 중요하지만, 최근에 개발된 융해 검경법은 합성 섬유를 가열했을 때 복굴절의 변화를 관측하는 것이다.

복굴절은 시료 중 광속이 다른 속도로 나아가는 두 가지 성분으로 분열되는 것을 말한다. 현미경의 슬라이드 위에 실리콘 오일을 도포하고 이 가

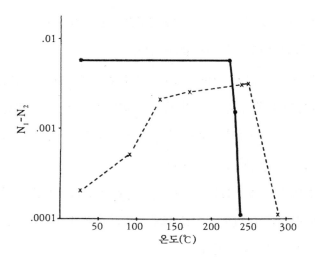

그림 6 | 2종의 아세테이트 섬유에 대한 복굴절의 온도
영향. 디 아세테이트ㅡ, 트리아세테이트….

운데에 검체가 되는 섬유를 2㎜ 정도로 잘라서 놓는다. 이것을 가열 스테
이지(stage) 위에 고정하고 편광 현미경으로 관찰하여 최대 광량의 위치에
고정시켜 두께를 측정하면 복굴절률을 구할 수 있다.

정밀한 컨트롤 유니트를 사용하여 가열용 스테이지의 온도를 매분 2℃
의 속도로 상승시켜서 변화가 인식되면 그때의 온도를 기록한다.

복굴절의 변화는 관측 결과로부터 계산하여 구하고, 대수 방안지 위에
온도의 관계로 도표화한다.

실제의 섬유에서 측정한 예를 〈그림 6〉에 나타냈다. 이 점선 그래프
는 합성 섬유의 동정 및 상호 비교에 지극히 유용하다. 또 동질의 섬유라

도 어느 것이 기원을 달리하는 합성 섬유인가를 식별하는 데 강력한 도움이 된다.

플라스마 발광 분광 분석

PES로 약칭되는 플라스마 발광 분광 분석법은 발광 분광 분석법과 같은 원리에 기초를 둔 것으로서 여러 가지 원소의 정성 분석 및 정량 분석에 이용되고 있다.

플라스마 발광 분광 분석 장치에는 크게 나누어 두 가지 형이 있다. 하나는 정성 분석용으로 에첼회절 격자와 폴라로이드 카메라가 부착된 것이다. 에첼회절 격자는 수직 배치형과 수평 배치형이 있는데, 3×5인치의 필름에 1910Å~8000Å의 범위의 파장 영역을 28검체에 대해서 기록할 수 있다.

분광학

분광학은 물질에 의한 전자파의 흡수, 방출 결과로 생기는 빛 등의 전자기파의 생성, 측정, 해석 등을 취급하는 학문 분야이다. 발광 스펙트라는 시료에 여러 가지 형의 에너지를 부여할 때 방출되는 복사광선을, 슬릿을 통과한 것 중 프리즘과 회절격자를 사용해서 각각 파장으로 분리하는 것에 따라 얻는다. 대상 파장 영역에 따라서 감마선 분광학으로부터 X선, 자외선, 가시광선, 적외선 등의 분광학으로까지 나누기도 하고, 흡수 발광, 형광, 인광 등으로 분류하기도 한다. 좁은 의미로는 전자기파는 아니지만 음파 및 물질 입자를 대상으로도 한다.

이 필름 위에 기록된 각 원소의 스펙트럼선의 위치는 표준에 맞으면 쉽게 판명된다. 〈그림 7〉에 보인 것처럼 원소 조성이 아주 간단히 판명되는 것을 알 수 있다.

두 번째는 정량 분석용으로, 목적하는 특정 원소 스펙트럼선에 중점을 두고 빛의 강도를 측정해서 성분의 농도를 정하도록 만든 것이다. 이 장치는 유리 시료의 원소 분석에 사용할 수 있다.

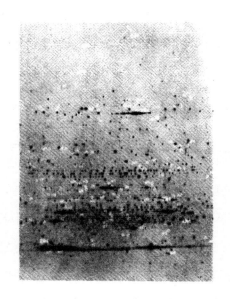

그림 7 | 성분 원소 동정을 위한 플라스마 발광 스펙트럼 사진

원소 분석에 의해서 유리를 몇 가지 범주로 분류하기 위한 방법으로 적당하다. 〈표 1〉에 나타낸 것처럼 창문, 현관 유리, 헤드램프, 유리 용기 등 여러 가지로 조성이 대폭 다른 것을 이용하기 때문이다.

이론적인 근거로부터도 밀도, 굴절률, 혹은 분산 등의 물리적인 성질을 측정하여 유리를 몇 가지 적은 그룹으로 분류하여 비교해 보는 것도 충분히 가능하다.

표 1 | 여러 종류의 유리 시료 중 산화물 성분의 평균 조성(%)

유리 용도	Al_2O_3	CaO	Fe_2O_3	MgO	NaO
창문	0.158	8.50	0.123	3.65	13.53
자동차 앞 유리	0.150	8.10	0.555	3.93	12.90
헤드 램프	1.370	0.017	0.060	0.017	5.40
용기	1.416	8.266	0.117	0.283	11.73

단순히 정성적인 정보만으로도 문제의 유리 검체와 기지의 유리 검체와의 사이에 공통으로 지극히 특수한 원소의 존재가 확실히 확인되면 특이적인 결정 방법으로 이용된다.

실제로 문제의 유리 검체와 기지의 시료를 비교하는 경우, 물리적 성질의 측정만으로도 통상의 업무로서는 최고도의 감정이 될 수 있는 것이 보통이다. 이 방법은 현실적인 사건의 경우, 적지 않게 응용되고 있다.

물리적인 성질이 지극히 유사한 유리 조각의 화학적인 식별을 가능하게 하고 이용 장소에 따라서 구별할 수 있다면 수사면에 큰 도움이 된다.

혈청학적 방법

수년 전의 일이지만, 혈흔을 취급하는 법과학에는 르네상스라고 일컬을 만한 큰 변화가 있었다. 1960년대 중반까지만 해도 법과학자는 건조된 혈흔에 대해서 ABO식 혈액형 구분밖에는 믿을 만한 방법이 없었다.

미국에는 O형이 제일 많고 다음이 A형, 나머지가 B형과 AB형이다. A형과 O형의 양쪽을 합하면 인구의 80% 이상이 되기 때문에 즉, ABO식 혈액형이 판명되어도 다수의 인간으로부터 얻은 혈액 시료를 식별하는 것은 거의 불가능했다.

표2 | 미국에서의 ABO식 4가지 혈액형 분포

혈액형	인구 (%)
A	40
O	42
B	15
AB	3

실제의 경우, 인간의 적혈구에는 ABO형 외에도 160종에 이르는 여러 혈액형이 있다. 그중에서도 MNSs형, Rh형 등은 비교적 유명하다. 이들 혈액형은 '유전적 마커'라느니 '항원' 등으로 불리고 있다. 연구 수법의 진보에 따라서 전보다도 많은 유전적 마커의 식별이 가능하게 되었다.

개인의 혈액에 대해서도 지금까지와 비교하면 훨씬 정밀한 기재가 가능하다. 물론 현재의 경우, 혈흔을 지문과 같이 개별화할 수 있을 것이라고는 말할 수 없지만 대상을 5만 명 중 한 사람인 0.002%로 한정시킬 수는 있다.

방사 면역 분석법

방사 면역 분석법에는 여러 가지 변법이 있지만 원리적으로는 모두 같다고 해도 된다. 즉 방사성 동위 원소로 표지한 항생 물질의 일정량과 생체 내 또는 검체액 중에 존재하고 있는 이것과 동일한 항생 물질(미지량)을 합해서 단일 선택적인 항체의 일정량과 반응시킨다.

만약 생체 시료 중 문제의 항원 물질이 존재하면 표지된 것은 항원이 모두 항체에 결합한 것이 된다. 시료 중 항원의 50%만이 방사성 동위 원소를 포함하고 있게 된다. 따라서 방사 면역 분석법은 나노그램(nanogram)에서 피코그램(picogram)양 항원의 정량적인 확인을 가능하게 한다(나노그램, 피코그램은 각각 10억분의 1그램, 1조분의 1그램이다).

또한 방사 면역 분석법은 간편하고 특이적이며 결과 또한 재현성이 풍부하다. 이 방법은 임상적으로도 중요하지만 독물학에서도 적지 않게 중요성을 갖고 있다.

지금은 여러 가지 약제 및 단백질, 스테로이드 호르몬, 그 외에 여러 생물학상 중요한 물질의 정량에 방사 면역 분석법이 널리 이용되고 있다.

어느 물질에 대해서 방사 면역 분석법을 사용하고자 하면 우선 문제가 되는 물질에 대해서 항체가 되는 혈청을 만들지 않으면 안 된다. 분자량이 좀 크지 않은 약물 등은 통상 항원이 되지 않는다.

그렇지만 이러한 종류의 화합물을 단백질에 결합시키고 토끼에 주사하면 이것이 합텐 - 항원 접합체로서 작용하고 특이적인 과잉 면역 혈청을 생성한다.

이 과정은 동물을 필요로 하는 것이기 때문에 면역성을 나타내는 데는 비교적 장시간을 요하지만, 임상 검사상 혹은 법과학상 중요한 화합물에 대해서는 사실상 모두 항체 혈청을 제조하는 것이 필요하다.

이와 같이 이미 한 개에 한 번 면역이 나타난 토끼는 생존기간 중 꼭 항체 혈청의 공급원으로서 사용된다.

방사 면역 분석법을 약물 검출에 이용한 최초의 논문은 스펙터(Spector)와 파커(Parker)에 의해 1970년에 보고되었다. 그들이 대상으로 한 것은 모르핀이었고 그 후 알칼로이드, 바르비탈산염, 암페타인(일명 히로뽕), LSD, THC(마리화나 성분), 메사돈, 그 밖의 다수의 마약 및 각성제 등 불법 중독성 약물에 대한 방사 면역 분석법이 개발되는 원동력이 되었다.

동시에 지극히 많은 검체를 처리하지 않으면 안 될 때도 방사 면역 분석법은 편리하다. 이것은 이미 하나의 중요한 장점으로서 다루지 않으면 안 된다. 메사돈 투여 중인 환자에 대한 모니터용으로 처음 고안되어 현재 사용 중에 있다.

극히 강력한 약물에서도 양이 아주 적은 경구 투여 및 주사 등으로 체내에 들어오면 갑자기 바로 희석이 일어나고 거의 분석 방법의 검출 한계 이하의 농도로까지 묽어진다.

물론 박층 크로마토그래피와 가스 크로마토그래피도 검출 감도에 있어서는 우수하기 때문에 약물의 분석, 확인에 이용되고는 있지만 감도 면에서는 무엇보다도 방사 면역 분석법의 상대가 되지 못한다.

그리고 이 크로마토그래피법 사용에는 이전보다 약물을 검체로부터 분리시키지 않으면 안 된다. 가스 크로마토그래피는 소요 시간이 길고 대량의 검사를 단시간 안에 처리하지 못하는 것이 큰 장해가 된다.

여러 가지 지극히 위험한 약물의 남용, 중독의 예는 수십 년 사이에 두드러지게 증가했다. 혈액, 뇨중 저농도의 단일 약물 혹은 복잡 약물의 간편한 분석, 확인 방법이 있으면 임상 면에서도 범죄수사 면에서도 탁월한 공헌이 된다.

결론

이것으로 「화학의 범죄에 대한 도전」이란 제목 하의 이야기를 끝낸다. 여기까지 서술한 것 중 몇 가지는 새로운 수법의 개발을 계속해야 할 것이며, 과학적인 지식의 향상에 노력하지 않으면 안 된다는 것을 말했다.

이 노력은 우리 법과학자가 범죄 현장에 남아서 물적 증거를 모조리 개별화하는 것이라고 말한 최종 목표에 접근해야 한다는 것을 의미하며, 덧붙일 것은 또 그것이 가능하다는 것이다.

이것은 대단히 어려운 사업에 도전하는 것이지만 우리가 당면하지 않을 수 없는 것이다. 이것이 실현될 때 법과학자 자신에게 부여된 가장 중요한 책무를 완수하게 되는 것이다.

즉 범죄보다 뛰어난 재구성 및 용의자의 유죄, 무죄에 결정적인 증명을 부여하게 되는 것이다.

06

납총탄 증거물의 성분 비교

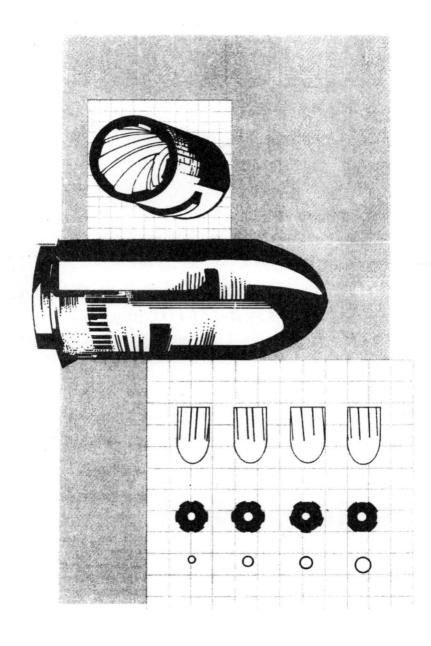

Written by **빈센트 P. 구인**

　　자동 권총이나 리볼버 등의 휴대용 총기나 소총 등으로부터 발사된 탄환은 총신을 통과하는 동안 회전을 받는데, 이때 총신 안쪽에 있는 강선(腔線) 때문에 탄환 표면에는 강선을 따라 요철(凹凸, 들쭉날쭉)이 새겨진다.

　　만약 탄환이 이상적인 조건으로 회수되었다면, 확대경을 이용한 간단한 실험으로 문제의 탄환이 발사된 총신의 종별, 특성을 간단히 알 수 있다. 즉 탄환에 들쭉날쭉하게 새겨진 강선의 수, 크기, 회전 방향(우측인가 좌측인가), 비틀림의 각도 등이 정보가 된다.

　　만약 특정 총신으로부터 시험적으로 발사된 총탄과 문제의 총탄을 현미경으로 비교해서(이것은 살상현장 등에서 발견된 총 등의 경우에 많다), 총탄의 표면에 새겨져 있는 요철 위에 나타나 있는 더욱 가늘게 긁힌 흔적(공구흔)에 이르기까지 합치가 인정되면, 경험이 풍부한 검사관이라면 이 양자를 동일 총신으로부터 발사된 것이라는 것을 쉽게 판별할 수가 있다.

　　만약 두 개의 총탄의 종별 특성이 동일하더라도 공구흔이 다르게 되어

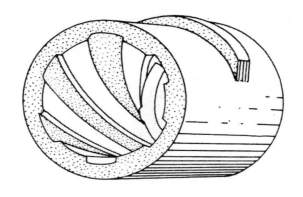

그림 1 | 총신 안쪽의 강선

있다면 이것이 절대적인 단서가 되어 동일한 것으로 판정이 될 수 없다.

실제로 일어나는 많은 사살 사건의 경우, 치명상을 입힌 총탄은 미세한 조각으로 부서지기도 하고 두드러지게 변형되는 것이 많다. 그 때문에 총신으로부터 회수한 것이라도 문제의 총탄과 현미경으로 비교한다는 것은 지극히 어렵고 불가능한 일이다.

이럴 경우에는 총탄의 파편이나 변형된 총탄에 대한 원소 분석을 하고, 혐의가 있는 총이나 미발사 탄약포 중에서 총탄의 원소 분석을 하여, 그 결과를 비교하는 것이 좋다.

이 원소 분석으로써 문제의 총탄이 혐의가 있는 총의 총탄과 동일한 생산 라인에서 동시에 제조된 것인가를 확인할 수 있다.

총탄용 납의 생산

통상 총탄용 납은 크게 두 가지 종류로 분류된다. 즉 부드러운 납(유연; 柔鉛)과 안티몬으로 경화시킨 납이 있다.

유연은 원광(原鑛)으로부터 고순도로 정제한 납, 혹은 다시 사용할 목적으로 회수된 고순도 납, 때에 따라서는 이 양자의 혼합물이다. 재사용을 목적으로 회수한 것은 순도가 높지 않은 것도 있다. 이 유연의 안티몬 함량은 1ppm 이하의 것도 있지만 최고 1,500ppm까지 들어 있는 것도 있다.

한편 경화납은 0.4%로부터 4% 정도의 안티몬을 함유한 것이 사용되고 있다. 안티몬의 함량이 높은 것은 경도도 크다.

총탄과 탄약포나 탄약통의 제조업자는 통상의 경우, 안티몬의 최고 함량과 원하지 않는 불순물의 최고 함량을 납의 구입 조건으로써 규정하고 있다. 전형적으로 유연 총탄은 납 99.8% 이상의 순도를 가지며, 경화납의 경우는 95~99%의 범위에 있다.

총탄 및 탄약포의 제조업자는 총탄용 납의 원료를 전문 업자로부터 납품을 받거나 자신이 납과 안티몬을 합금하여 특색 있는 것을 만들거나 하지만 함량이 크게 다르지는 않으며, 제조 과정은 대체로 아래와 같다.

우선 일정량(1톤에서부터 70톤 정도)의 납을 취하고 녹는점(327℃) 이상으로 가열하여 용해시킨다. 경화납의 경우는 이것에 계산된 안티몬을 가해서 가열을 계속하여 완전히 용해시킨다. 그런 다음 잘 교반한 후 80~90 파운드의 무게로 주괴(主塊)를 만든다.

이것은 종종 구리(銅) 또는 두들겨 만든 막대라고 불린다. 이 총탄용 납의 조정법 기술은 간단하지가 않다.

실제로 개개 제조업자는 때때로 자기 나름의 여러 가지 변법을 조합하여 이용하고 있다.

다만 보통 이와 같은 적은 변화는 솥에서 녹인 납 가운데에서는 무시할 수 있다. 솥이 다른 것도 있고 해서 한 상자의 탄약포를 만들 때, 꼭 한 솥 몫의 용해납으로부터 나머지 부분을 가지고 만들 수가 있지만 그러한 일이 빈번히 일어나는 것은 아니다.

안티몬으로 경화한 납에는 탄약포 한 상자 중 총탄의 안티몬 함량은 방법에 따라 상호 잘 일치하는 것이 대부분이다.

불순물이 함유된 은과 구리의 농도를 측정해 보면, 두 종류 또는 세 종류로 크게 나눌 수가 있다. 규정된 크기, 형상, 조성의 총탄을 제조하려면 우선 대량의 납 주괴를 처리하여 희망하는 규격의 지름을 가진 납 막대를 만들어야 한다.

다음에는 이 납 막대를 일정한 길이로 자동 절단하여 주형에 넣고 압력을 가하면, 규정의 형상으로 만들어진다. 만들어진 것은 저장 상자에 넣는다. 그리고 뇌관(雷管)과 화약을 총탄과 함께 조합하고, 탄피에 과부족 없이 삽입하여 압축해서 움직이지 않게 한다.

완성된 탄약포는 20개, 50개, 때에 따라서는 100개 단위로 상자에 넣어서 시판한다.

총탄의 중량은 통상 그레인(grain, 기호 gr) 단위로 나타낸다. 1그램(gram)은 15.432그레인(0.035온스)이기 때문에, 10그램의 총탄은 154

그레인탄 혹은 0.35온스 총탄이라고 한다.

총탄은 무외피탄, 반외피탄, 완전 외피탄으로 부르는 것이 일반적이다. 형상도 여러 가지가 있어 뾰족한 것, 둥근 것, 오목한 것 등으로 각각 다르고, 크기(지름, 중량)도 몇 종류나 존재한다.

반외피탄은 총탄의 아래 반쪽에만 외피가 있고 첨단부는 벗겨져 있다. 완전 외피탄은 납제 총탄의 전체를 감싼 외피가 있고 저부만이 벗겨져 있다. 그 부분이 탄피에 들어가 있다. 그리고 외피는 종종 구리외피라고 부르지만 실제는 황동 제품이며 구리와 아연의 비는 95:5, 90:10, 87:13의 것이 널리 이용되고 있다.

총탄의 외피를 만드는 주목적은 부드러운 납제 총탄을 조종, 발사하는 가운데 총신이 막히게 되는 것을 방지하기 위한 것이다.

적당한 두께의 외피를 이용하면 충돌 때 총탄의 기계적인 충격력을 증대시키는 데도 공헌하기 때문에, 유연을 심에 이용한 총탄도 쉽게 만들어진다. 다만 시판품은 완전 외피탄으로서 대부분이 경화납 심이다.

군용 탄약포에는 구리 외피 대신 강제 외피(니켈 도금을 한 것이 많다)가 종종 이용되고 있다.

탄피는 7:3 황동으로 만드는데, 부식을 방지하기 위해서 니켈 도금을 한다.

폭약은 통상 니트로셀룰로스와 니트로글리세린을 혼합하여 일정의 크기, 형상의 입자로 만든다.

2~3구경의 총은 주변 점화 뇌관을 사용하는데, 이 이외의 총은 모두 중

심 점화 뇌관의 탄약포를 이용하고 있다. 탄약포가 총대에 장전되어 격실이 물리면 격침이 움직여서 충격에 예민한 뇌관으로 돌입하여 폭발이 일어난다. 일단 폭발이 일어나면 폭약 가운데 Z상의 화염이 방출되고 총탄이 발사된다.

폭약의 폭발은 탄약포 내에서 지극히 높은 압력을 발생하여, 압착되어 있는 총탄을 탄피로부터 밀어내 총신으로 세차게 가속시켜 나간다(이때 강선에 의해서 회전 운동이 일어난다). 그래서 총구로부터 발사라고 하는 탄환의 운반이 일어난다. 리볼버 권총의 경우는 탄약포가 회전하는 원통에 장착된다. 보통의 것은 이 회전 원통에 6개의 탄약포가 들어가기 때문에 소위 6연발이라는 명칭이 붙게 되었다.

각 탄약포가 차례로 점화되는 동안, 탄피는 원통 속에 남은 채로 원통이 $\frac{1}{6}$ 만큼 회전하여, 다음 탄약포가 총신의 저부에 새로이 고정된다.

자동 소총 및 권총(단발 권총은 별개지만)의 탄약포는 탄창에 장전되고, 하나의 탄약포가 점화되면 탄피는 자동적으로 방출되고, 다음 탄약포가 총대에 고정된다.

납총탄 증거물의 중성자 방사화 분석법

필자가 총탄의 납 분석에 이용한 방법은 중성자 방사화 분석(INAA)이라고 불리는 것이다. 이 방법은 FBI 연구실 외에도 법과학 관계 연구소 등에서 이용되고 있다.

필자의 경우, 1962년 이래 중성자 방사화 분석의 범죄 과학 영역에 대한 응용에 관해서 여러 가지로 광범위한 연구를 해왔다. 우선 이 방법에 의해서 가능한 것은 총탄 발사 후 손이나 피부에 남겨지는 뇌관의 잔류물 검출이다. 나중에 기기에 의한 자동화가 진행되어 총탄의 납, 도료, 종이 그 밖의 여러 가지가 대상이 되는 것으로 알려졌다. 미량의 시료(10~30㎎)만 있어도 납총탄의 분석이 가능하고, 비파괴 그대로 안티몬, 은, 구리, 비소(때에 따라서는 주석)의 정량을 신속히 할 수 있다.

우선은 기초가 되는 자료를 만드는 것이 필요하고, 여러 가지 메이커의 구경 외에 여러 종의 형태, 총탄을 모아서 자동 중성자 방사화 분석의 시료로 한다. 메이커들로서는 레밍톤-피터스, 윈체스터-웨스턴, 페드랄, 스피르, 시에라 등이다.

실제로 범죄 현장으로부터 얻은 총탄의 파편도 마찬가지로 증거물의 시료가 된다. 우선 40초간 방사선 조사를 한 다음, 40초간 냉각시켰다가 즉각 40초간 방사능 계측을 하는 것을 급속 스크리닝법이라고 하는데, 각종 납 성분을 정량한다.

시료는 각각 폴리에틸렌제의 작은 병에 넣어서 한 번에 하나씩 원자로 속에서 중성자를 쬐어, 일련의 조작, 즉 자동으로 γ선 스펙트로미터에 보내 각각 특유의 γ선에 의한 성분 원소를 정량한다.

동일 조건에서 안티몬, 구리, 은의 표준 시료도 함께 정량한다. 이 방법의 정량 한계는 안티몬 50ppm, 은 1ppm, 구리 10ppm이다. 대부분의 납총탄 속에는 이 3원소가 꽤 높은 농도로 존재하고 있기 때문에, 이 급속 스크리닝법만으로도 충분히 정밀한 정량이 가능하다.

다만 때에 따라서는 이 급속 스크리닝법으로는 만족할 만한 결과가 얻어지지 않는 것도 있다.

하나는 이상의 3원소가 두드러지게 저농도였을 경우라든지, 시료를 지극히 조금밖에(1mg 이하) 얻을 수 없는 경우이다. 또 비소의 정량이 필요한 경우에도 이 방법은 불충분하고 더 장시간이 걸리지 않으면 안 된다.

우리 연구실에서는 이런 경우, 40개의 시료를 표준 시료로서 함께 원자로에서 1시간 동안 종합해서 쬐이는 방법을 취하고 있다. 1시간에서부터 수 시간 동안 파괴, 변화 시간에 따른 방사능을 γ선 스펙트로미터로 5~10분 동안 순서대로 계측하여 추적 정량한다.

이 장시간 조사법(照射法)에 의하면 총탄 속의 안티몬, 구리, 비소의 3원소에 대한 정량은 가능하지만 은을 정량하는 것은 불가능하다.

자동 중성자 방사화 분석은 다섯 번째 원소로서 주석의 검출, 정량을 가능하게 했지만, 위의 4원소에 비하면 감도가 나쁘고 조사/냉각 조건도 급속 스크리닝법과 장시간 조사법의 중간 정도가 필요하기 때문에, 통상의 경우에는 하고 있지 않다.

일반적으로 용의자가 소지한 탄약포 중 총탄과 치명상을 입힌 총탄의 쌍방에 대해서 우선 급속 스크리닝법으로 안티몬, 구리, 은 3원소의 농도로부터 유의성이 큰 차이로 인정되면, 이 양자가 동일의 용해납으로부터 만들어진 것인지, 아닌지가 명백해진다.

따라서 이미 그 이상의 분석은 필요하지 않게 된다. 그러나 안티몬, 구리, 은의 3원소 농도에 대해서 분석 화학적으로 구별이 불가능한 경우가 있기 때문에, 장시간 조사법에 의한 비소의 정량을 하게 되면 제4의 원소와 비교가 가능하게 된다. 그러나 판별이 어려울 때는 결정적인 판단을 내리기 위해서 양쪽의 중간 정도 시간의 중성자를 쬐어서 주석을 정량하는 것도 유용하다.

중성자 방사화 분석

시료에 중성자를 쬐이면 시료 중 원소의 몇 가지 핵종은 핵반응을 일으켜서 방사능을 갖게 되고, 대부분 감마선을 방출한다. 이 감마선의 에너지 스펙트럼은 각각 핵종마다 특유하며 멀티채널 감마선 스펙트로미터로 측정하여 표준물질과 비교하여 원소를 정량할 수 있다. 중성자는 소립자로서 전하를 갖지 않으며 모든 원자핵에 함유되어 있다.

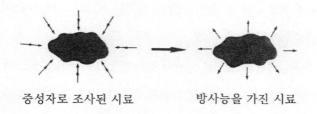

중성자로 조사된 시료   방사능을 가진 시료

즉 5원소의 정량 결과로부터 문제의 두 가지 검체가 동일 용해납으로 만들어진 것인가를 똑똑히 분별할 수 있다.

총탄용 납의 조성에 대해서는 우선 자료를 종합하여 정확한 정리를 하지 않고서는, 그 밖의 어떤 이유로 인해 분석적으로 구별이 불가능한 두 개의 총탄 시료가 동일한 납의 용해로부터 만들어진 것인지를 판정할 수 있을 만큼 정밀한 확률이 수학적으로 계산되기는 불가능하다.

그 대신 정성적인 방법의 표현으로 더 분류해야만 한다.

즉 "가능성이 있다(3원소만 측정한 경우)", "꽤 가능성이 높다(4원소 측정 결과로부터)", "지극히 가능성이 높다(5원소 측정의 경우)"와 같이 된다.

물론 개개 사건의 각각에서 채취한 총탄 시료 전부를 대상으로 할 때, 관측된 불순물의 농도에 어느 정도로 공통성 또는 비공통성이 있을까 하는 것은 각기 다르며, 각각의 농도 측정의 정확도나 정밀도도 개개 사건에 따라서 다르다. 때문에 이상의 정성적인 측정 결과는 동일 용해납으로부터 유래한 것이라고 하는 확률로서 표현하면 각각 99%, 99.99%에 있다고 말할 수 있다.

물론 필요하다면 안티몬, 은, 구리, 비소, 주석의 다섯 가지 이외의 것을 검출하여 정량할 수도 있지만, 그를 위해서는 시료가 10mg 이상이 되어야 하고 시간도 많이 걸리게 된다.

FBI 연구실에서는 오로지 장시간 조사법만이 이용되고 있으며, 단시간 조사에 의한 급속 스크리닝법은 사용되지 않고 있다. 그 결과 총탄 속의 안티몬, 구리, 비소의 3원소가 통상적인 업무로서 분석의 대상이 되어 있다.

사정이 나쁜 경우, 대부분의 총탄 검체는 비소의 함량이 낮아서 정밀한 측정에는 적당하지 않다. 단지 하나의 어려운 점은 산산조각이 난 총탄을 모아서 시료로 할 경우, 외피가 황동제의 것이기 때문에 구리를 함유한 외피 파편이 혼입하는 것을 피할 수가 없다. 그 때문에 겉보기상 고농도 구리를 함유한 결과가 얻어지는 수가 있다.

물론 이 같은 외피로부터의 구리 오염은 단시간의 조사(照射)에 의한 급속 스크리닝법의 경우, 틀린 결과를 가져 온다는 것은 자명해진다.

만약 구리의 함량이 이상하게 높게 확인될 때는 장시간 조사법에서는 중요한 다른 2원소, 즉 안티몬과 비소(충분히 고농도일 경우)만의 농도가 정해지고, 단시간 조사법으로는 안티몬과 은의 2원소밖에 정량할 수가 없다.

이같이 구리의 오염이 있는 경우에는 장시간 조사와 단시간 조사의 쌍방을 사용하여 전체로서의 3원소를 정량하는 것이 특히 요구된다.

중성자 방사화 분석 때문에 총탄의 검체를 조제했던 것은 범죄 현장이나 희생자의 체내로부터 총탄의 파편이나 탄환을 채취하고(통상 Q검체라고 한다), 이것과는 별도로 혐의가 있는 총의 미발사 탄약포로부터 채취한 시료(통상 K검체라고 하며 이것은 상표가 알려져 있기 때문이다)의 쌍방을 시료로 삼는다.

이 쌍방을 우선 확대경 또는 현미경으로 관찰하여 외피에 부착된 것이 없는가를 확인한다. 만약 부착된 것이 확인되면 해부용 칼을 이용하여 이 외피, 파편을 제거한다.

우리 연구실에서는 이 같은 검체는 진한 질산에 실온으로 10분간 담가 두었다가 아주 작은 것을 녹여 내는 조작을 한다. 이 조작에 의해서 납제 검체는 사실상 녹아 나오지 않고 외피 재료의 작은 파편만 제거된다.

물론 이 질산 처리법에 의한 것도 총탄 내부까지 들어간 것이나, 산이 미치지 않는 부위에 들어 있는 외피의 미세한 파편을 제거하기에는 무리다.

범죄 사건에 대한 법정에 제출되는 총탄의 원소 조성은 통상 안티몬, 구리, 비소의 3원소만이 자료(FBI 연구소)가 되는데, 우리 연구실에서는 급속 중성자 방사화 분석법에 의한 안티몬, 구리, 은의 3원소가 자료로 제출된다.

몇 가지 범죄 사건에 대한 적용례

자동 중성자 방사화 분석은 지금까지 실제로 범죄 사건에 관련된 수천 개의 총탄 증거물 검체에 대해서 적용되었다.

그중에는 제조원이 분명한 것, 분명하지 않은 것도 있다. 이 분석 결과로 그것에 대한 결론이 미국 법정에 수백 건이나 제출되었다.

필자가 담당한 분석례 가운데서 몇 가지 유명한 사건을 정리해 본다.

SLA 반격 사건

1974년 5월 17일, 로스앤젤레스의 어느 외딴집에서 SLA(심바이오니즈 해방군) 여섯 사람이 농성을 하다가, 로스앤젤레스 경찰 SWAT 요원과 치열한 총격전이 벌어졌다.

총격전에서 SLA, SWAT는 모두 4,000~5,000발의 탄환을 발사했다. 결국은 집에 화재가 발생하고 진화될 때까지는 약간의 시간이 걸렸는데,

이 불로 인해 타죽은 SLA 여섯 사람의 사체가 발견되었다.

로스앤젤레스 검사관의 연구실에서 실행한 사법 해부 결과 각각 신원과 사인(총격사이든 소사이든)이 확인되었다.

SLA의 두목으로 유명한 마셜 신크(실제 이름은 도널드 드 프리츠)는 두부에 받은 관통 총상이 사인으로 밝혀졌다.

문제의 총탄 자체도 회수되었지만, 두개골에서 총탄의 납 조각도 몇 개 회수되었다. 여러 가지 이유로 이 마셜 신크를 죽음에 이르게 한 것이 SWAT 측의 총탄이냐, 아니면 총격전과 화재가 신변에 다가왔기 때문에 자살한 것이냐는 것을 확실히 알아야 할 필요가 있었다.

그래서 우리는 드 프리츠가 사용한 탄약포 3종(0.38구경 리볼버용 불발탄이 그의 시체 아래서 발견됨)과 시체로부터 얻은 총탄의 작은 파편 10개, 그리고 총격전에서 SWAT 측이 사용한 12종의 상품명이 있는 탄약포를 시료로 하여 자동 중성자 방사화 분석법에 의한 여러 번의 시험을 했다.

급속 스크리닝법만으로 SWAT 측의 12종의 총탄이 모두 혐의가 없는 것으로 밝혀졌고, 또 드 프리츠가 소지했던 3종 중 2종도 아니라는 것이 밝혀졌다. 이 시점에서 드 프리츠는 자살한 것처럼 보였다. 어쨌든 검시관 연구실의 로널드 L. 테일러의 주도 하에 총탄의 소파편에 대한 검사가 동시에 실시되었는데, 문제의 총탄이 니켈 도금을 한 강철 외피라는 사실이 밝혀졌다.

SWAT 측이 사용한 것이나 드 프리츠의 것도 모두 구리제 외피의 것이었기 때문에 이 검사 결과는 완전히 수수께끼가 되었다. 얼마 후에 SWAT

측 요원 한 사람이 기준 외인 제2차 대전의 잉여품 9㎜ 육군용 탄약포는 현재까지 미국 내에서는 쉽게 입수할 수 없는 것이 13종 정도나 있고, 이들은 모두 니켈 도금을 한 강철제 외피라고 하는 정보를 얻었다. 곧 12종은 치명상을 준 총탄과는 현저하게 다른 조성이고, 1종만이 아주 유사한 조성이라는 것이 판명되었다.

이것은 독일 점령 시대(1941년)에 체코슬로바키아에서 만들어진 것이다. 어느 것도 다 고순도의 납으로 만들어졌고 안티몬, 은, 구리 등의 불순물은 수 ppm 정도밖에 함유되어 있지 않았다.

최종적인 결론은 드 프리츠가 자살한 것이 아니라 SWAT 측의 총탄에 의해서 목숨을 잃었다는 것이 증명된 셈이다. 이 총탄은 9㎜의 강철 외피로서 아마 1941년 체코슬로바키아에서 제조된 것으로 추정된다.

오스카 보나베나 살인사건

1976년 5월 22일, 네바다주 무스탕 랜치에서 아르헨티나의 헤비급 복서 오스카 보나베나가 사살되었다. 무스탕 랜치는 미국 내에서 가장 대규모인 공인된 유명한 창녀촌이다.

한 발의 총탄이 육체를 관통한 것이지만 총탄은 회수되지 않았다. 네바다주 당국의 요청에 따라, 로스앤젤레스의 검시관 연구실에서 사법 해부를 했었는데, 그 결과 많은 총탄의 작은 파편과 총탄의 외피 파편 1개가 총상을 입은 주위에서 발견되었다.

로널드 L. 테일러에 의해서 측정된 결과, 총탄의 파편은 안티몬 경화납으로 만든 것이며, 외피는 구리와 아연이 95:5인 황동제인 것을 알았다.

목격자의 증언으로부터 오스카 보나베나에게 두 사람의 남자가 권총을 쓴 것으로 알려졌다.

총기는 30.06라이플과 AR-15라이플(0.223 구경의 탄약포)이었다. 로널드 L. 테일러가 측정한 결과로는 30.06라이플의 것은 안티몬 경화납 제품이고, 외피는 구리와 아연의 비가 95:5인 황동제다.

한편 0.223 구경 탄환에 대해서는 안티몬 함량이 낮아 검출되지 않았다. 외피는 90:10의 황동으로 된 것임을 알아냈다.

우리는 30.06라이플에서 회수된 총탄 4개와 0.223구경 총탄 2개 및 치명상을 입힌 탄환의 파편 10개에 대해서 자동 중성자 방사화 분석을 실시했다. 그 결과는 충분하고도 결정적인 것으로서 테일러의 결과를 보강하는 것이었다. 탄환의 파편 10개를 분석한 결과는 안티몬이 $4.85 \pm 0.29\%$, 은이 44 ± 6ppm, 구리가 780 ± 120ppm이었는데, 4개의 30.06 라이플 총탄의 분석 결과는 안티몬이 $4.72 \pm 0.15\%$, 은이 38 ± 4ppm, 구리가 470 ± 300ppm이었다.

이것과 비교해 볼 때, 0.223 구경의 총탄은 안티몬이 $0.75 \pm 0.13\%$, 은이 71 ± 2ppm, 구리가 300 ± 40ppm으로 좋은 대조가 된다. 이 두 종류의 총탄 중 어느 하나가 오스카 보나베나의 생명을 앗아간 것이기 때문에, 분석 결과로부터 30.06 라이플인 것이 명확해졌다.

이 30.06 라이플을 보나베나를 향해서 쏜 남자는 로스 브리머라고 하는 창녀촌 주인의 보디가드였다는 것이 나중에 알려졌다. 이 정도로 확고한 제1급 살인 증거가 있다는 것과 관계없이 브리머는 제1급 살인범으로서 구형을 받았다.

나중에 브리머는 죄상이 더 가벼운 것으로 인정되어, 모살에 대한 2년간의 복역을 선고받았으나 더 짧은 기간에 출감했다.

존 F. 케네디 대통령 암살 사건

1963년 11월 22일, 텍사스주 달라스에서 자동차 퍼레이드 도중에 케네디 대통령이 소총으로 저격되어 서거했다.

암살 용의자 리 하비 오스왈드는 바로 체포되었지만, 그를 체포하러 가던 경찰관 한 사람이 사살되었다.

오스왈드가 0.38 구경 리볼버를 발포한 것이 경찰에 의해 밝혀졌다. 텍사스 서적 창고 빌딩 6층에서 라이플로 쏘았는데, 이 현장에는 만리헤르 – 카르카노(MC) 6.5㎜ 구경 소총의 미발사 탄약포 1개가 장전되어 있는 채로 발견되었다. 웨스턴 카트리지 회사(WCC) 제품의 6.5㎜ MC용 탄피 3개도 있었다.

대통령과 존 코널리 주지사를 저격한 세 발의 총탄은 이 서적 창고 빌딩에서 발사된 것이라는 증언이 증인들 사이에서 일치했다.

오스왈드는 암살 용의자로 재판에 회부되었다. 그러나 2일 후, 경찰서로 호송되던 도중에 잭 루비에 의해서 살해되고 루비 자신도 자살했다.

후임 대통령이 된 린든 B. 존슨은 특별 조사 위원회를 임명하고, 위원장에 미국 최고 재판소의 수석 재판관인 얼 워런을 임명하여 이 암살 사건의 철저한 조사를 명령했다.

1964년 가을이 되어 워런 위원회는 조사 결과 보고서를 제출했다.

결론은 케네디 대통령을 사살하고 코넬리 주지사에게 중상을 입힌 탄환은 MC식 라이플의 총탄으로, 서적 창고의 빌딩에서 오스왈드에 의해 발포된 것이라고 했다. 또 이 위원회는 이 발포가 있던 시점에, 다른 누군가가 별도의 총을 발포했을 것이라는 심증이 갈만한 증거는 존재하지 않는다고 결론을 내렸다.

워런 위원회의 보고는 많은 양의 추론과 논의, 논쟁거리를 만들어냈다. 그 결과 많은 책이 출판되고, 이 보고서의 여러 부분에 대한 견해차가 나타났으며, "누가 대통령을 암살했느냐?"는 갖가지 논쟁이 전개되었다.

이 보고서가 나오고부터 몇 해가 지난 뒤, 우리는 MC식 라이플과 그 탄약에 관한 FBI의 자료(이 중에는 여러 가지 총탄납의 회수된 파편 및 외피 일부분 등에 대한 중성자 방사화 분석, 그 밖의 시험 결과도 포함하고 있다) 전체를 총괄했다.

총탄의 중성자 방사화 분석 결과는 안티몬과 은이 검출되었다는 자료였지만 희생자의 신체와 리무진 차체에서 회수된 것도 WCC사의 제품인 6.5㎜MC식 라이플용 총탄의 납과 거의 동일한 조성이었다.

그러나 이것 이외의 총탄이 명중한 것인지의 여부나 두 개 이상의 탄환이 명중한 것인지를 확실히 설명하지는 못했다. 현미경 관찰에 의해서 코낼리 주지사를 옮긴 들것에서 회수된 '파손된 탄환'(이것은 거의 손상된 것으로 '마법의 탄환' 등으로 불린다)이 오스왈드의 라이플로부터 발사된 것은 확실하다.

1977년에 미국 하원은 암살 조사 특별 위원회를 구성하고 케네디 대통령과 마틴 루터 킹 목사의 암살 사건에 대해서 철저하게 재검토를 하게 되었다. 필자에게 이 특별 위원회로부터 케네디 대통령 암살 사건의 증거물로, 총탄의 납에 대해서 아주 근대화된 자동 방사화 분석법으로 전부 재분석했으면 하는 요청이 있었다.

필자가 다시 분석한, 총탄 납의 결정적인 분석 자료는 상세하게 이미 다른 잡지에 보고했기 때문에 여기서는 결과만 종합하여 알기 쉽게 정리한다.

검체 번호 CE-399(CE는 워런 위원회에서 만든 인식 번호이다)는 전술한 파손된 탄환이었는데, 이것과 코넬리 주지사의 오른손에서 회수된 파편 CE-842는 두 검체에서 안티몬과 은의 농도에 지극히 가까운 값을 나타냈다. 각각 평균 농도는 안티몬이 815±25ppm, 은이 9.30±0.71ppm이었다. 그 밖의 3개 검체, 즉 검사 번호 CE-567(자동차에서 얻은 큰 파편), CE-843(대통령의 뇌에서 회수된 것), CE-840(자동차로부터 회수된 작은 파편)의 3종도 서로 아주 유사한 안티몬과 은의 함량을 나타내고 있다. 이들 함량의 평균값은 안티몬이 622±20ppm, 은이 8.07±0.15ppm이었다.

이 평균값을 비교하면 후자인 세 검체는 전자인 두 검체에 비해서 안티몬의 함량이 분명히 적고(622ppm 대 815ppm), 은의 함량도 다소 낮다

(8.07ppm 대 9.30ppm)는 것을 알 수 있다.

이 결과로부터 분석적으로 충분히 구별할 수 있는, 즉 다른 조성을 가진 두 개의 총탄이 존재하는 것을 알았다. 이 두 개 이외의 총탄이 존재한다는 것도 증명되었다.

이 다섯 개의 검체 모두에 대해서 구리를 정량했는데, 이 결과로부터는 이만큼 분명한 결론을 얻지 못했다.

CE-399 검체, 즉 손상된 탄환은 구리의 함량이 58 ± 3ppm이었지만 다른 세 검체, 즉 CE-567, CE-843, CE-840의 구리 함량은 41 ± 1.7ppm으로 서로 비슷하다.

CE-842 검체, 즉 코널리 주지사의 오른손에서 994ppm을 나타냈지만, 이것은 아마 구리제 외피의 파편에서 오염된 것이라고 추정되었다. 결국 구리의 분석 결과는 이 경우, 판정에 공헌할 수 없다는 것을 알았다.

자동 중성자 방사화 분석으로부터 이 5개 검체는 어느 것도 주성분이 납이고, 납의 평균 함량은 높지 않지만 98.3 ± 3.9%의 순도였음을 나타내고 있다.

이 결과 오스왈드는 동일 라이플로 총탄을 연달아 발사했고, 동일 상품(따라서 아마도 WCC사 제품의 탄약포와 같은 상자)의 총탄으로는 두 종류의 것이 존재했었다는 것을 자동 중성자 방사화 분석으로부터 알아냈다.

통상 특정 상자의 탄약포 가운데서 개개 총탄을 분석하여 구별해 낼 수는 없다. 그렇지만 이 WCC사의 6.5㎜MC용 탄약포의 내력은 적지 않게 기묘한 것이다. 이런 종류의 탄약포는 군용으로서 1954년에 4백만 개가 제조되었는데, 모두사용된 장소는 국외였다. 왜냐하면 미국은 이 MC식 라이플총을 사용하지 않았기 때문이다.

이러한 형태의 라이플은 제2차 세계대전 때 이탈리아 육군이 사용한 것이다.

1963년의 암살 사건에 앞서, 이 탄약포는 꽤 많은 양이 역수입되어 군수 잉여품점에서 판매되었다. 이 대부분은 처음 WCC사의 20개들이 종이 상자째로 그리스산의 목재함에 들어 있었다. 이러한 시점에 WCC사가 4백만 개의 총탄 생산에 용해납을 이용하여 만든 것이 혼합되어 있었다. 이 사실은 1977년에 필자가 재분석을 시작하기 전에 밝혀낸 일이다.

시중에 판매되는 탄약으로부터 여러 가지 시료를 채취하여 미량 원소의 조성을 조사하는 경우, 주성분의 농도에 관해서는 미군의 연합 규격(납으로서 99.85% 이상)에 의해서 모두 만족하고 있지만, 안티몬 함량은 15~1200ppm, 은의 농도는 5~22ppm, 구리의 농도는 10~370ppm까지 꽤나 농도 변동이 심하다.

필자는 오스왈드의 라이플 속에 남아 있는 WCC사 제품의 MC용 탄약포(CE-141)를 해체해서 총탄납 소량을 채취할 수 있었기 때문에, 재시험을 할 수 있었다. 이 총탄의 검체를 중성자 방사화 분석법에 의해서 분석할 경우, 먼저 두 가지 총탄과는 상당히 다른 원소 조성인 것을 알아냈다.

즉 이 총탄 납에는 안티몬이 15ppm밖에 없고, 은이 22ppm, 구리도 22ppm이 함유되어 있었다. 전에는 이 총탄의 분석을 하지 않았다.

WCC사의 제품인 6.5mm 총탄은 꽤나 조밀한 외피(구리, 아연의 비율이 90:10의 황동)로서, 중량은 3.30그램이며 7.13그램의 납이 중심을 완전히 감싸고 있다.

　1978년 9월, 워싱턴에서 열린 특별 조사 위원회의 공청회에서 필자는 그동안에 얻은 결과를 공표했다. 이 결과 워런 위원회의 가설, 즉 오스왈드 한 사람이 두 발의 MC총탄을 리무진 탑승자, 결국 대통령과 주지사에게 명중시켰다고 하는 가설에는 반드시 합치되지 않았지만 처음의 결론과는 뒤집힌 결과가 되었다.

　오스왈드가 쏜 또 하나의 총탄은 아마 그가 최초에 발사했던 것으로 전혀 알 수 없이 행방불명이 되었으며, 다만 빈 탄피만이 서적 창고의 빌딩에서 발견된 것이다.

　두 번째로 쏜 총탄은 대통령의 등 뒤에서부터 인후부를 관통해, 코낼리 주지사의 등부터 가슴을 통과하여 오른쪽 손목을 스치고, 힘이 떨어지면서 좌대퇴부로 조금 들어간 것이 병원의 침대에 떨어져서 회수되었다. 이 총탄은 대통령과 주지사 몸의 총상 부분에는 입자를 남기지 않았다. 주지사의 조골(助骨)이 충격으로 부러진 이유도 알 수 있었고, 오른쪽 손목에 손상을 입힌 한 총탄은 거의 변형하지도 않았다. 다만 총탄의 앞부분이 결손되고 1%의 납이 파편이 되었다. 이것이 검체 번호 CE-842 소편군(小片群)이 되었다.

　제3의 총탄은 대통령의 후두부에 명중하여 치명상을 주고, 우측 전두부로 나왔는데 수많은 파편을 이루고 있다. 이것이 CE-567, CE-840, CE-843 검체이다.

물론 필자가 얻은 결과는 공모자의 존재 등을 추론하는 여러 가지 논의, 즉 오스왈드 이외의 누군가가 다른 장소에서 발포했을 것이라는 등으로 말하는 설에 대해서, 긍정적이든 부정적이든 증거를 제공하는 데까지는 미치지 못했다. 누군가 별도로 총을 발사했다고 말할 수는 있을지 몰라도, 그 총탄이 대통령의 리무진이나 어떤 사람도 명중시키지는 못했을 뿐이다.

07

혈흔 분석:
사건 중심으로

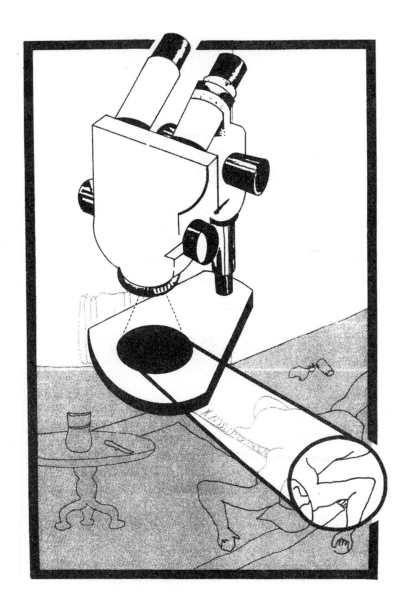

Written by 프란세스 M. 그도브스키

1965년, 살인사건 현장으로부터 약 2마일 떨어진 곳에서 한 남자가 경찰에 체포되었다. 그 남자의 셔츠 소매에서 혈흔이 발견되었다. 경찰은 이 혈흔이 피해자의 것이라고 생각했다. 그러나 이 남자는 2주일 전 싸움이 벌어졌을 때 자신의 피가 셔츠에 묻은 것이라고 경찰에서 진술했다.

그 후 문제의 혈흔에 대한 혈액형을 조사한 결과 O형으로 밝혀졌지만 공교롭게도 피해자와 용의자가 모두 O형이었다.

그 당시로서는 체포된 남자를 용의자로 몰 수도 없었고 그렇다고 무죄로 단정하여 석방할 수도 없었다.

배경

1970년대 초까지 미국에서는 혈흔 분석이 세 가지 형태로 한정되어 있었다.

1. 문제의 얼룩이 혈액인지에 대한 동정(同定)
2. 문제의 얼룩이 사람의 피인지 또는 동물의 피인지에 대한 판별
3. 혈액형 판정

표 1 | 미국에서 혈액형의 인종 간 빈도 분포(%)

혈액형	백인	흑인
O	45	49
A	40	27
B	11	20
AB	4	4

보통 이 분석법은 〈표 1〉에서 보듯이 A형과 O형이 꽤 높은 비율을 차지하고 있어 피해자와 용의자가 같은 혈액형에 속할 경우, 서로를 구별할 수 없어서 한정된 범위 내에서의 역할을 할 뿐이었다.

1967년, 런던 경시청 연구소의 브리안 쿨리포드(Brian Culliford)는 건조한 혈흔에서 포스포글루코무타제(Phosphoglucomutase, PGM_1)라고 하는 효소가 검출 가능하다는 것을 발견했다.

이 발견은 혈흔 분석자뿐만 아니라, 법과학자에게 지극히 중요한 가치

를 부여했다. 왜냐하면 이 효소는 「다형(多形)」으로서 국민들 가운데 꽤 높은 빈도로 출현하기 때문에 연구자, 즉 범죄 조사관에게 아주 유용하다는 가능성을 지녔기 때문이다.

〈표 2〉에 뉴저지주에서의 PGM₁의 출현 빈도를 나타냈다.

표 2 | 뉴저지주의 포스포글루코무타제(PGM₁)의 인종 간 빈도 분포(%)

표현형	백인	흑인
1	59.9	66.5
2.1	35.0	28.0
2	5.1	5.5

이 발견이 있은 후 건조된 혈흔에서 몇 개의 유전적 마커의 검출이 가능하게 되었다.

이 유전적 마커에는 효소뿐만 아니라 혈청 단백질도 포함되어 있다. 〈표 3〉에 예를 들어 보였는데, 이들은 모두 법과학 분석에 이용할 수 있다. 또한 몇 개의 유전적 마커는 인종에 따라서 특별한 「다형(多形)」이 존재한다는 것도 판명되었다. 즉 트랜스페린(transferrin)의 표현형 가운데서 CD형은 백인에게는 드물고 흑인들은 8~10% 정도의 빈도로 나타난다.

이러한 분석법은 범죄 조사관에게 어떻게 도움을 줄까?

(1) 피해자와 용의자의 유전학적 특징을 제공한다.

(2) 대상이 된 인간 집단 중 동일의 것이 출현할 빈도가 크게 저하되어 특정

혈흔의 식별 능력을 대폭 증대시킨다.

(3) 동일 혈액형인 두 사람을 서로 구별하는 것이 가능하다.

(4) 어느 경우든 혈육이 어느 인종에서 유래된 것인가를 가능하게 한다.

다음에 기술된 3건의 사건 기록으로부터 이 유전학적 분석법의 진가가 드러나리라고 생각된다.

표 3 | 혈흔에서 동정된 유전적 마커의 대표적인 예

유전적 마커	표현 형수
아데노신 디아민아제(ADA)	3
아데닐레이트 키나제 (AK)	3
카보닉 안하이드라제 II (CA II)	3
에스트로시테 에시드 포스포타제(ACP)	6
에스테라제 (EsD)	3
글리옥살라제 I (GLO I)	3
군 특이성분(Gc)	3
햅토글로빈 (Hp)	3
포스포글루코무타제 (PGM₁)	3
트랜스페 란(Tf)	2

1. E. S. 폭행사건

1979년 11월, E. S.라고 하는 여성이 강간을 당했다고 경찰에 신고했다. 그 여자의 진술에 의하면, 침입자는 흑인이고 그녀의 3층 침실 발코니에 있는 유리창을 부수고 침입했다고 한다.

침입자는 벽의 전화 코드를 뽑아 던지고 그녀를 강간했다.

남자 손의 상처로부터 흐른 혈액이 그녀의 나이트가운에 묻었다. 이 나이트가운과 피해자의 혈액이 모두 실험실로 보내졌다. 그 결과 피해자의 혈액형은 O형이고 유전적 마커는 〈표 4〉의 첫 줄에 있다. 그리고 나이트가운의 혈액은 두 번째 줄에 나타냈다.

서로 비교해 보면 알 수 있듯이 양쪽 모두 혈액형은 O형이다. 따라서 유전적 마커의 표현형이 크게 다르고 이 혈흔은 피해자의 것이 아니라는 것을 나타낸다.

그중에서도 Tf의 표현형이 CD형이며, 이 나이트가운의 혈흔은 흑인의 혈액에 의한 가능성을 나타내고 있어 피해자의 보충 증거가 된다. 혈액형이 O형인 흑인 중에서 이 혈흔과 동일한 유전적 마커를 가진 사람의 출현 빈도는 계산으로 약 0.3%가 된다. 바꿔 말하면 흑인의 99.7%가 이 혈흔으로는 용의자가 되지 않는다는 것이다.

2. E. S. 살인사건

강간 사건이 있은 지 3주 후 E. S. 여성이 침실에서 살해되어 있는 것

표 4 | E. S. 폭행사건 - 혈액 분석 결과

시료	혈액형	표현형 유전적 마커									
		EsD	PGM	GLO I	CAII	ADA	ACP	AK	Hp	Gc	Tf
E.S. 대조혈액		2.1	2.1	2.1	1	1	BA	2.1	2	2.1	C
나이트기운 혈흔		1	1	-	1	1	B	1	2.1	1	CD
K.A. 대조혈액		1	1	2.1	1	1	B	1	2.1	1	CD

표 5 | A.C. 살인사건-혈액 분석 결과

시료	혈액형	EsD	PGM	GLO I	CAII	ADA	ACP	AK	Hp	Gc	Tf
A.C. 피해자 대조혈액 시료	A	-	1	2	1	1	BA	1	1	1	C
K.A. 용의자 대조혈액 시료	O	1	1	2.1	1	1	B	1	2.1	1	CD
용의자 의복											
좌측 앞 내의	-	1	1	2	1	1	-	1	-	-	-
좌측 소매 내의	A	1	1	2	-	1	BA	1	-	-	-
우측 바짓단 부분	-	1	1	-	1	1	BA	1	1	-	C
우측 소매·자켓	-	1	-	-	-	1	BA	1	-	-	-
좌측 소매·스웨터	-	1	-	-	-	1	-	1	1	1	C

이 발견되었다.

침실 안에는 혈흔이 흩어져 있었고 불에 탄 신문지도 있었다. 전화기는 벽으로부터 떨어져 있었다. 가해자는 발코니의 유리창을 부수고 침입한 것으로 판단되었다. 발코니를 수색한 결과 혈흔이 묻은 빨간 손수건 조각이 발견되었다.

혈흔이 묻은 증거물은 모두 연구실로 보내졌고 피해자의 혈액과 비교하여 범행 장소와 범행에 사용한 흉기를 결정했다.

3. A. C. 살인사건

E. S. 살인사건이 있은지 2주일 후에 같은 시내에서 제2의 여성이 또 잔혹하게 살해된 것이 발견되었다.

그녀의 시체는 2층 복도에서 E. S.와 같은 상황으로 발견되었다. 그녀의 은행 통장은 화장실에 버려져 있었고, 자동차와 신용카드는 도난당했다. 2일 후 비번인 순찰 경관이 피해자의 자동차가 스포츠용품점 앞에 주차되어 있는 것을 발견했다.

경관은 한 남자가 상점으로부터 나와 차의 열쇠를 뺄 때까지 기다렸다가 그 남자를 체포했다.

이 남자는 흑인으로 옷에는 혈흔이 묻어 있고 피해자의 신용카드가 소지품에서 발견되었다.

피해자와 이 용의자의 혈액을 대조하고 혈액의 유전적 마커를 분석하여 용의자의 옷에 묻은 혈흔과 비교했다. 용의자의 옷에 묻은 혈흔은 용의자 자신의 것이 아니었으며 피해자에게서 유래한 것일 가능성이 큰 것으로 나타났다.

A. C.와 E. S.양의 살인사건은 모두 잔혹성이 높아 경찰 당국은 용의자 K. A.가 E. S. 살인사건에도 관련되어 있을 것이라는 혐의를 갖게 되었다.

그래서 K. A.를 심문했지만 E. S. 강간이나 살인사건에는 관련이 없다고 완강히 부인했다. 다만 혈흔 분석 결과(표 4 참조)는 달랐다.

E. S. 강간 사건의 증거품인 나이트가운에 묻은 혈흔의 혈액형과 유전적 마커를 용의자의 혈액형의 유전적 마커와 비교해 보니 모두 동일 혈액형에 속하고 유전적 마커도 동일하다는 것을 알 수 있었다.

K. A.는 E. S. 살인사건에 관해서 다시 심문을 받았지만 역시 현장에는 있지 않았다고 완강한 부인을 되풀이할 뿐이었다.

다시 용의자의 혈액을 E. S. 살인사건의 증거품과 비교했다(표 6).

피해자의 침실에서 얻은 혈흔은 용의자의 혈액에 의한 것이 아니라는 것이 분명했지만, 발코니 바깥쪽에 떨어진 손수건 조각의 혈흔과 비교하면 용의자의 것과 동일한 유전적 마커로 인정되었다. 경찰은 용의자와 E. S. 살인과의 사이에 관련성이 있는 것으로 정식으로 보고했으나 약간의 의문점은 남아 있었다. 그러나 2일 후에 피해자의 침실 전화기에 부착된 지문이 용의자 K. A.의 것으로 판명되었다.

용의자 K. A.는 즉각 재판에 회부되어 E. S.와 A. C.양 살인사건에 대한 유죄를 선고받았다.

표 6 | E.S. 살인사건-혈액 분석 결과

시료	혈액형	EsD	PGM	GLO I	CA II	ADA	ACP	AK	Hp	Gc	Tf
E.S. 대조 혈액 시료	O	2.1	2.1	2.1	1	1	BA	2.1	2	2.1	C
침실											
전화 코드	-	-	-	-	-	1	BA	2.1	-	-	-
신문지	O	2.1	2.1	-	1	1	BA	2.1	2	2.1	C
칼	O	2.1	2.1	2.1	1	1	BA	2.1	-	-	-
모개질 바늘	-	2.1	2.1	2.1	1	1	BA	2.1	-	-	-
발코니											
대형 손수건	-	-	-	-	-	1	-	1	2.1	1	CD
K.A. 대조 혈액 시료	O	1	1	2.1	1	1	B	1	2.1	1	CD

E. S. 강간 사건에 대해서도 기소되었지만 피해자가 이미 사망했기 때문에 이것에 관해서는 심리가 이루어지지 않았다. 이 두 살인사건은 물적 증거에 의존한 바가 적지 않았다.

A. C. 살인사건은 혈흔 분석과 나중에 발견된 용의자의 지문, 피해자의 도난당한 자동차와 크레디트 카드를 갖고 있는 것 등이 증거로서 이용되었다.

유전학에서 사용되는 술어

다형(多形): 수종의 특징적인 성질이 명확히 유전하는 것을 이용하는 것으로, 즉 혈액형은 다형을 나타내지만 신장(身長)도 다형을 나타낸다고는 말할 수 없다.

표현형(表現形): 페노타입(phenotype)이라고도 하며, 유전자형에 따라서 신체적인 특질이 나타난다. 즉 혈액형의 유전자형이 A-A 또는 A-O인 인간 표현형은 A이다.

유전적 마커: 명확히 유전하는 것으로 판명된 특징으로서, 분석이 가능한 것을 말한다. 즉 혈액 가운데서 단백질과 효소 등이다.

E. S. 살인사건은 혈흔 분석의 결과가 경찰 당국에 의해서 수사 수단으로 활용되었다. 이것이 피해자에게 폭력을 가한 용의자의 동정에 매우 중요한 역할을 했다는 것은 두 사건의 공통점이라 할 수 있다.

08

혈흔 분석:
혈청학적 및 전기 영동학적 수법

Written by 로렌스 코빌린스키

우리의 사법체계에서 법혈청학자의 역할은 대단히 중요하다. 왜냐하면 강간, 살인, 강도 등 흉악 범죄뿐만 아니라 부자 관계의 인지 등 법률적 문제에 대해서도, 문제 해결에 있어서 과거 수십 년간에 체득한 생화학, 면역학, 생의학 등에 걸친 광범위한 지식을 활용할 수 있다는 매우 유리한 점을 가지고 있기 때문이다.

혈청학 및 혈청학자

혈청학은 면역학의 한 분야이며 그 명칭으로부터 미루어 생각할 수 있는 것처럼, 단순한 「혈청의 학문」보다는 확실히 광범위한 것이다.

혈청학자는 항원 및 항체의 분석에 여러 가지 방법을 이용할 뿐 아니라, 항원과 항체 간에 일어나는 여러 가지 반응을 이용해서 혈액 등 생물학적 시료의 특징을 결정하기도 하고 불균일한 시료의 특수한 성분을 분석하기도 한다.

'항원'이라고 하는 것은 동물의 체내로 주사, 흡입, 경구 섭취 등으로 이물이 들어온 경우, 특이적으로 면역 응답을 일으키는 물질이다.

일반적으로 이 물질은 동물에 따라서 외부로부터 유래하는 것이다. 따라서 이물질(異物質)로 인식되기 때문에 분자가 작고 임계적인 크기보다는 크고 복잡한 것이었다.

항원의 예로는 박테리아나 바이러스, 쑥갓 식물의 화분, 먼지, 약제, 혈액의 구성 성분 등이 있다.

항체 또는 면역 글로불린(Immunoglobulin)이라고도 부르는데, 어떤 항원에 의한 자극 응답으로 혈장 속 세포에 의해서 생산되는 혈액 단백질이다.

어떤 항체는 대응하는 항원, 즉 이 항체를 생산한 항원과 특이적으로 결합한다.

혈청학자가 이용하는 여러 가지 방법은 모두 항원과 항체가 결합해서 면역 복합체를 형성하는 반응을 이용하고 있다.

항원+항체 ⇌ 항원·항체 복합체

이 반응이 분명히 일어나는 것을 보여 주기 위해서는 다른 별개의 수단을 함께 이용하는 것이 좋고, 또 여러 가지 방법이 있다. 즉 방사성 요오드(^{131}I)를 추적자로 하고, ^{131}I로 표지한 항원을 이용하면 항원·항체 반응의 결과로서 생긴 면역 복합체 중에 만약 ^{131}I에 의한 방사능이 존재하면 간단히 검지할 수 있다(이것이 방사 면역 분석법(radioimmunoassay)이라고 부르는 방법이다).

또 항체 쪽에 형광성 색소를 결합한 뒤 표지를 해서 문제의 항원과 복합체가 생성하는지의 여부를 형광을 통해서 검출하는 방법도 지극히 간단하여 실제로 많이 사용된다.

면역 복합체의 생성으로 침전이 생기기도 하고 응집이 일어나기도 한다. 이 같은 반응을 일으키는 데는 통상 시약을 적당한 온도에서 다소의 시간을 유지할 필요가 있다. 가시적인 반응이 일어나는지의 여부는 반응 자체의 성질에 크게 의존한다.

결국 용해성이라든가 항원의 크기, 항체의 형태, 온도, 다른 혈액 속의 성분의 존재에 따라서 영향이 있는 것으로 생각되며 이 밖에도 여러 가지 요인이 있다.

조건이 확인되면 쌍방의 수용성 항체와 항원을 혼합한 뒤 다소 시간을 가지고 방치해 두면 침전과 생성이 일어나는 것을 쉽게 확인할 수 있다. 응집 반응은 대응하는 항체 혈청의 존재 하에 입자 모양의 항원(즉 적혈구)이 결합하여 면상의 침전이 생성되는 것을 나타낸다.

법과학에 있어서 혈청학과 임상학상의 혈청학 사이에는 거의 동일한 수법이 이용되고 있는 사실에도 불구하고 큰 차이가 존재한다.

임상 혈청학자가 해결해야 할 일은 두 종류의 혈액 시료가 공혈자(供血者)로부터 수혈자(受血者)에게로 수혈이 이루어지는 경우, 위험한 결과가 생길 수도 있다는 점이다.

따라서 수혈자의 혈액 속 항체와 공혈자의 혈액 속 적혈구의 항원 사이의 상호 작용의 유무, 혹은 공혈자의 혈액 속 항체와 수혈자의 적혈구 속 항원과의 사이에서 빚어질 상호 작용의 유무를 연구하지 않으면 안 된다.

또 수혈자(환자)의 혈액 속에 무엇인가 전염성 작용을 가진 것이 존재하는지, 혹은 특정 혈중 성분(포도당)의 농도가 이상하게 높거나 낮거나 하는 것에 대한 연구도 하지 않으면 안 된다.

한편 법혈청학자는 통상의 경우, 임상 혈청학자가 다루는 신선한 혈액보다 시간이 경과된 즉, 오래된 혈흔이나 혈액 시료를 대상으로 하지 않으면 안 된다.

더불어 「동정(同定)」과 「개별화」, 즉 문제가 되고 있는 물건이나 물적 증거가 어느 것에서 유래하는 것인지(개인), 그 바탕을 결정하는 것이 요구된다.

법혈청학자는 혈액 이외에도 타액이나 정액, 땀 등 그 밖의 체액 및 생체 조직들을 포함한 대상을 다루지 않으면 안 된다.

시료는 습한 것도 건조한 것도 있으며 신선한 것은 제한되어 있고, 어느 정도 시간이 경과한 것, 전혀 불명인 것도 있다. 또 시료 자체가 반드시 청결한 것, 순수한 것으로만 제한되는 것도 아니다. 여러 가지 생물학적 협작물(세균, 곰팡이, 균류… 그 외) 또는 비생물학적 불순물로 오염되어 있을 가능성이 충분히 있다. 또 다른 기원에 근거하는 동일한 두 종류의 액체 혼합물이 시료가 되는 가능성도 있다.

즉 폭행, 상해 사건 등의 경우, 가해자와 피해자 쌍방으로부터의 혈액이 동일 검체에 부착되어 있는 예가 적지 않다. 또 시료는 분석될 때까지 여러 가지 환경 요인, 즉 보존 시의 온도나 습도 등의 영향으로 많이 변질될 가능성도 있다.

혹은 물적 증거가 인멸되거나 여러 가지로 파괴되어 있을 경우도 없지 않다. 이 같은 여러 가지 방해 요인이 있는 가운데서 분석을 더욱 어렵게 하는 최대의 요인이라고 할 수 있는 것은 시료나 검체를 지극히 미량밖에 얻을 수 없다고 하는 점이다.

그렇다면 법혈청학자는 어떻게 해서 「동정(同定)」과 「개별화(個別化)」라고 하는 어려운 사명을 완수할 수 있을까?

이를 위해서는 개개의 차이를 충분히 이용할 수 있는 특별한 수법을 채용하지 않으면 안 된다. 이들 수법 몇 가지에 대해 간단히 설명하기로 한다.

유전학

난자가 수정되면 부친으로부터 23개의 염색체와 모친으로부터 23개의 염색체를 받아 합체해서 새로운 세포핵을 형성한다. 이것을 접합체(接合體)라고 한다.

태아 기간, 출생 후의 성장 기간을 통해서 새롭게 형성된 개체의 유전학적 자질은 지극히 특수한 예를 제외하고는 전혀 불변인 채로 보존된다.

염색체는 유전자의 저장소이며 신장, 체중, 홍채(虹彩)의 색깔 등 모든 신체적인 특징을 결정하는 것이다.

일반적으로 유전자를 형성하고 있는 DNA가 세포의 기능에 따라서 단백질의 합성에 필요한 정보를 수용하고 있다고 말한다. 이 DNA로부터의 정보는 mRNA에 전사(轉寫)되고 새로이 생긴 이 DNA가 세포의 리보솜(Ribosome)에 의해서 갖가지 구조와 기능을 가진 단백질로 번역된다. 이 밖에 두 종류의 RNA(t—RNA와 r—RNA)가 존재하는데, 이들은 모두 단백질 합성 과정에 밀접하게 관여하고 있다. 이 과정의 결과, 단백질이 생성되며 이 단백질이 효소로서 기능하는지의 여부는 원래 DNA 속에 쓰여 있는 정보로 결정된다.

DNA는 데옥시모노뉴클레오티드(deoxymononucleotide)의 사슬 모양의 배열인데, 이 중 뉴클레오티드의 순서는 모든 단백질의 구성단위로 되어 있는 여러 아미노산의 순서를 규정한다.

약 1만 개의 뉴클레오티드로부터 만들어진 DNA 분자가 있다고 하면 그중의 한 개 또는 두 개의 단백질을 생성하는 것이다.

유전자형은 개체의 유전학적 구성과 자질을 결정하고, 표현형은 유전자의 신체적 발현을 의미하고 있다.

어느 인간이 푸른 눈과 갈색 눈의 유전자를 양친으로부터 각각 받았다고 하자. 실제로 본인은 푸른 눈도 갈색 눈도 다 물려받는다. 만약 푸른 눈동자였다면 「유전자형 청색/갈색, 표현형 청색」과 같이 나타나게 된다.

두 가지 유전자가 쌍을 이루어 만든 별개의 개체를 「호모(homo; 同型) 접합체」라고 부르고, 상이한 두 가지의 유전자가 쌍을 가지고 만들어진 개체를 「헤테로(hetero; 異型) 접합체」라고 한다. 개체 각각은 표현형에서 다르게 될 뿐 아니라 분자 레벨에서도 차이가 있다.

동형 접합체로부터 생긴 일란성 쌍둥이의 경우, 이들이 똑같은 환경에 놓이게 되면 일반적으로 표현형도 동일한 것이 되어 성장한다. 말할 나위도 없이 이란성 쌍둥이의 경우, 개체 간의 유사성이 매우 작아지고 관계가 없는 개체 간이라면 유전학적으로는 모두 각각 유일한 것이 된다. 이 유일한 것, 즉 유일성은 여러 가지 경우에 나타나는데, 즉 생체 조직과 혈액, 그 밖에 체액의 조성 차이 등도 그것의 하나이다. 법혈청학자는 이 개체 각각의 분자적인 유일성을 이용해서 개체의 갖가지 색인 기관 및 조직을 사용하여 동정과 개별화를 수행하지 않으면 안 된다.

혈액 화학

대표적인 예로서 우선 혈액 화학에 대해서 설명하기로 한다. 아주 미량의 혈흔을 분석하여 혈청학자가 어떤 종류의 정보를 입수할 수 있다고 하는 것에 대해서 언급하겠다.

'혈액'은 지극히 복잡한 혼합물이며 성분으로는 적혈구, 백혈구, 혈소판, 피브리노겐, 혈청 등이 있다.

혈청이라고 하면 전체 혈액으로부터 혈구와 응고성 단백질인 피브린(fibrin)을 제외한 나머지의 액체 부분을 지칭한다. 혈청에는 여러 가지 물질이 함유되어 있는데, 그 보기는 다음과 같다.

1. 전해질, 금속 이온(중탄산염, 염소, 칼슘, 구리 등)

2. 아미노산, 당류, 그 밖의 영양물질

3. 비타민류

4. 대사 중간체 〔담즙산, 콜린(choline), 빌리루빈(bilirubin), 크레아틴 (creatine) 등〕

5. 호르몬

6. 용존 기체

7. 단백질

여기에 든 것 이외에도 여러 가지가 함유되어 있다

표 1 | 적혈구 혈액형 분류 시스템

1차 혈액형	2차 혈액형		
ABO	Auberger	En	Ot
MNSs	August	Gerbich	Raddon
Rh	Balty	Briffith	Radin
Lewis(Le)	Becker	Good	Rm
Lutheran(Lu)	Biles	Heibel	Stobo
P	Bishop	Ho	Swann
Kell	Bg^a Bg^b Bg^c	Ht^a	Torkilden
I	Box	Jn^a	Traversu
Duffy	Cavaliere	Kamhuber	Vel
Kidd	Chido	Lan	Ven
Diego	Chr^a	Levay	Webb
Dombrock	Cost	Ls^a	Wright
Xg	Dp	Marriot	Wolfshag
Yt	El	Orris	

혈청 단백질은 혈장의 약 7%를 차지하고 알부민(albumin), 글로불린(globulin), 피브리노겐(fibrinogen), 응고인자, 여러 가지 항체, 보체 등으로 구성된다.

사람의 혈액에서는 160종 이상에 이르는 항원과 150종 이상의 혈청, 단백질, 256종 이상의 세포 효소가 존재하는 것이 확인되었다.

항원은 수용성의 것도 있지만 적혈구 및 백혈구, 혈소판 등 표면에 부착하여 존재하는 것도 있다. 어떤 종류의 적혈구 항원은 지극히 보편화되어 1차 혈액형이라고 부른다.

〈표 1〉의 첫째 칸에 든 것이 이것에 속한다. 현재의 경우, 14종 정도가 1차 혈액형으로 알려져 있다.

이 밖에 일반적으로는 없는 것에 나머지 2차 혈액형이라고 부르는 적혈구 항원이 있는데, 〈표 1〉의 둘째 칸부터 넷째 칸까지의 약 40종이 그것이다. 어느 종의 항원(즉 A와 B)은 모든 혈액 성분(적혈구, 백혈구, 혈소판)에 공통으로 존재하고 있지만, 그 밖의 것에는 백혈구만 혹은 혈소판밖에 없는 것도(조직적 합성 위치 항원이라고 한다) 있고, 적혈구의 표면에 부착하여 존재하는 것도 있다.

적혈구의 내부와 표면에 존재하는 단백질은 250종 이상이 존재하는 것으로 알려져 있는데, 이 가운데서 중량비로 95% 정도가 헤모글로빈(hemoglobin)이다.

혈청 가운데에도 지극히 많은 여러 종류의 단백질이 존재한다. 어떤 종류의 혈청 단백질은 정상적인 혈액 작용에 있어서 아주 중요한 역할을 하고 있지만 그 농도는 대단히 낮다.

즉 전립선성 산성 포스파타제(phosphatase), 알칼리성 포스파타제, 리파아제(lipase), 알코올 탈수소 효소 등이 있다. 덧붙이면 혈청 중 인슐린(insulin), 글루카곤(glucagon), 성장 호르몬 및 에리트로포이에틴(erythropoietin) 등도 존재하지만 이들은 모두 단백질이다.

증거물 분석

혈청학의 법과학적인 접근은 거의 일정한 형식을 따르고 있다. 물적 증거물에 혈흔이 인식되는 경우, 법혈청학자는 우선 제일 먼저 문제의 반점이 혈흔인지 아닌지를 판정한다. 만약 혈흔이라면 다음에는 어느 기원에 기인하는 것인지를 결정한다.

혈액의 동정(同定)은 조직학적 시험법, 혈청학적 시험법, 화학적 시험법 등에 의한다.

예비 시험

기초적이고 예비적인 시험법은 문제의 반점이 혈흔이라는 가능성을 정색(呈色) 반응으로 나타내는 것이 대부분이다. 이 같은 시험법은 헴(heme) 자체 또는 헴 유도체가 존재하는가의 여부를 나타내는 것으로서, 매우 감도가 높다(검출 한계 1ppm 정도).

그러나 혈액 이외에도 같은 반응을 나타내는 것이 적지 않기 때문에 절대적인 특이성은 아니다.

예비적 시험법을 실시한 후 다소 검출 감도는 떨어지지만, 특이적인 검출 반응에 의한 시험을 하는 경우가 있다. 이 특이적 반응에는 결정 시험과 스펙트로포토메트릭 분석법(spectrophotometric analysis)이 포함된다.

결정 시험법 중 더욱더 널리 사용되는 방법은 세 종류로서, 타이히만(Teichmann) 시험법[헤마틴(hematin) 시험법], 다카야마(Takayama) 시험법[헤모크로모겐(hemochromogen) 시험법] 및 아세톤 - 클로르 - 헤민(Acetone-chlor-hemin) 시험법이 있다.

이 세 가지 방법은 모두 신속하고 특이적인 검출법이다. 각 시험법에서 각각 생성되는 특징 있는 결정은 현미경으로 관찰하는 것이며, 문제의 반점이 의문의 여지 없이 혈흔인지 아닌지를 증명하게 된다.

스펙트로포토메트릭 분석법(분광 광도계 측정법)은 화학 분석법의 일종이며, 서로 다른 물질이 각각 특정 파장의 빛을 흡수하는 것에 기인하는 것이다.

물질의 광흡수 스펙트럼은 빛을 어느 정도 흡수하는가를 파장의 관계로서 그래프에 표현한 것이다. 시료에 빛을 투사하여 투과한 광량을 측정해서 얻는다. 같은 시료라도 농도가 다르면 흡수하는 광량이 다르다.

법화학에서의 혈흔 분석은 스펙트럼 분석으로 의심이 가는 검체가 헴인지, 또는 헴의 유도체인지를 특징적인 스펙트럼으로 나타내는 것으로 측정한다.

이 방법은 시료를 일련의 특이적인 화학 조작에 따라서 몇 가지의 흡수 스펙트럼을 얻는 경우, 아주 특이적인 시험법이 된다.

식물성 시료 중에도 헤모글로빈 및 그 유도체와 지극히 비슷한 흡수 스펙트럼을 나타내는 것이 있기 때문에 판단이 곤란해지는 경우도 있다. 이 때문에 어떤 결과를 얻기 전에 다양한 흡수 스펙트럼을 측정해 보는 것이 필요하다. 이 같은 조작을 마침으로써 특별한 항체 혈청을 이용한 혈청학적 분석이 행해진 시초가 된다.

이것에 의해서 검체 중에 존재하는 종(種) 특유의 항원의 존재가 검출될 수 있다. 어떤 형태의 정보가 얻어지는가에 따라서(정성적이든 정량적이든) 혈청학자가 이용하는 실제의 방법이 달라진다.

다만 면역학적 수법은 사용되는 항체 혈청에 크게 의존하기 때문에, 항체 혈청의 특이성에 대해서는 정확히 확인한 후에 해야 한다는 것을 잊어서는 안 된다.

인간이 헤모글로빈에 대해서 항체 혈청을 이용할 수 있다면 경제성 또는 신뢰성이 높은 분석, 즉 종(種)의 결정이 가능하다.

이 방법에 의하면 문제의 반점이 사람의 피라는 것을 단 한 번의 분석 조작으로 할 수 있기 때문이다.

개별화

막상 종(種)의 결정이 있은 다음, 문제의 반점이 사람의 피에 기인하는 것을 알았다면, 혈청학자가 다음으로 해야 할 일은 이것의 개별화이다. 물론 이를 위해서는 시험에 사용할 만한 충분한 양의 시료가 있고 오염이나 변질이 안 된 것이 필요하다.

우선 중요한 혈액형 항원에 따라서 ABO, Rh형 등의 분류를 한다.

건조된 혈흔의 경우는 신선한 혈흔과는 달라서 적혈구가 파괴되어 있기 때문에, 막(膜)단편의 응집을 보는 것이 되지만, 이것은 백혈구의 응집과는 달리 꽤 어려워 간단히 관찰할 수 없다. 또 MN 혈액형의 항원 등은 건조 상태가 불안정하여 건조된 혈흔을 시료로 할 경우, 반응을 관찰하기가 무척 어려운 데다 때에 따라서는 불가능하기도 하다.

〈표 1〉에 많은 항원 목록이 나타나 있지만, 대부분의 법화학 연구실에서는 건조된 혈액 시료만 얻어지므로, ABO와 Rh 양쪽 항원의 검출에 그칠 뿐 그 이상의 것은 할 수 없다.

다행히 혈청 단백질이 많으면 건조한 혈액 속에도 안정하게 잔존하여 분석이 가능하다.

즉 합토글로빈(haptoglobin, Hp), 트랜스페린(transferrin, Tf) 및 군(群)특이적 성분(Gc) 등이다. 이들 혈청 단백질은 세포 단백질과 함께 혈청학자에게는 크게 가치 있는 혈액 성분이다.

혈흔 중 이 단백질의 분석 방법에 대해서는 다음의 전기영동으로써 자세한 설명을 하기로 한다.

아주 최근의 연구 결과 혈흔에 의한 성별, 연령, 인종과 결정이 가능하게 되었다.

성별은 백혈구와 그 밖의 유핵세포 속 X와 Y 염색체의 존재를 검출하는 것에 의해서 또 테스토스테론(testosterone) 및 에스트라디올(estradiol) 등의 성호르몬의 검출 비율에 따라서 결정된다.

연령은 어떤 이소짐(isozyme)이 다른 것으로 전환하는 속도를 측정하거나 활성형으로부터 불활성형으로의 전환 속도를 측정하여 결정한다(이소짐은 동일개체에 들어 있는 동일 작용을 하는 효소로서, 전기 영동성의 차이가 있는 효소군을 말한다).

인종의 구별은 세포 단백질 및 혈청 단백질의 분석에 의해서 결정할 수 있다. 이들 단백질에는 헤모글로빈, 펩티다아제 A(peptidase A), 글루코스-6-포스페이트(Glucose-6-phosphate) 탈수소 효소, 카보닉 안하이드라제(carbonic anhydrase)Ⅱ 및 Gm 등이 있다.

혈흔의 여러 가지 형태 분류에 대해서는 리(Lee)에 의한 개론이 있다.

전기 영동분석

법과학상의 목적에는 혈청학자가 신속하게 고감도, 고신뢰도를 지니며 경제적인 분석 방법을 사용하는 것이 필요하다. 그리고 검체가 건조하더라도 신선한 것과 다를 바 없이 그 속에 존재하는 여러 가지 인자군(因子群)을 검출할 수 있고 또 정량이 가능한 것이 요구된다. 이것에 의해서 검체의 개별화가 가능해지기 때문이다.

모든 인간은 유전자적으로나 표현형에 있어서 제각기 특이하다. 여기에는 일란성 쌍둥이도 포함된다. 원래는 동일 유전자형이었다가 태아로서 성장하는 단체에서 각기 다른 지문을 갖게 되고, 환경과 항생 물질의 조성도 달라지기 때문에, 혈액 속의 항체 조성도 달라지게 된다. 이와 마찬가지로 각 개인은 각각 독특한 혈액을 가지고 있다.

각 개인을 특징짓는 혈중 성분을 연구하는 데는, 이 혼합물 속의 각종 단백질 성분의 상호 분리가 필요하다. 혈중 단백질의 분리에는 몇 가지 방법이 있고, 각각 다른 원리에 기인하고 있다.

첫째로 분자의 크기가 다른 점을 이용하는 것으로서 투석(透折), 한외 여과(限外濾過), 밀도 차도 원심 분리(密度差度 遠心分離), 겔 여과 등의 방법이다.

두 번째는 용해성의 차이에 의한 것으로 등전점침전(等電點沈澱), 염석(鹽折), 염용(鹽溶), 용매 분획(密媒分劃) 등이 있다.

세 번째는 전하(電荷)의 차이를 이용하는 것이다. 이 예로서는 친화성 크로마토그래피, 이온 교환 크로마토그래피, 선택적 흡착 및 전기영동 분리가 있다.

일반적인 업무로서 법화학 가운데 응용될 수 있는 분리법으로는 전기 영동법이 가장 좋다. 경제성과 신속성, 정확성에 있어서 다른 어느 방법보다 한 단계 위에 있다.

현재 임상 분석 연구실에서는 환자의 혈청 스크리닝을 할 때, 혈청의 전기영동 분석법이 완전히 일상 업무로 되어 있다.

전기 영동법의 발명은 1930년대에 스웨덴의 티젤리우스(A. Tiselius)

에 의해 행해졌는데, 이후 천재적인 아이디어로 여러 가지 개량이 이루어져, 오늘날에는 널리 이용되는 고도의 분리성을 가진 분석 수법이 되었다.

단백질에는 여러 가지 분자량을 가진 것이 존재하고 있다. 약 5,000돌턴(dalton, 원자 질량 단위)부터 100만 돌턴 이상의 것까지 알려져 있지만, 대부분의 단백질은 100개서부터 300개 정도의 아미노산 잔기로 이루어져 있다. 또 단백질은 3차원적 구조를 하고 있으며 구상(球狀)의 것, 섬유상 혹은 양쪽 모두 취하고 있는 것 등이 있다.

단백질의 생물학적 성질은 온도 및 pH에 따라서 예민하게 변화한다. 단백질은 구조로서 분류할 수도 있지만 효소적 기능의 차에 의한 분류 및 구성, 아미노산의 수 및 종류에 의한 분류도 가능하다.

단백질 분자 전체의 전하는 구성 아미노산의 종류와 수 및 그것이 놓인 환경, pH에 따라서 결정된다. 이부호(異符號)의 전하는 서로 잡아당기기 때문에 ⊖에 하전한 분자는 양극 방향으로 이동하고 ⊕에 하전된 분자는 음극 방향으로 이동한다. 어떤 단백질 혼합물을 용액으로 하면 구성 단백질 분자는 pH에 따라서 각각 다른 비(전하/질량)를 갖기 때문에, 전기 영동에 따라서 상호 분리가 일어나게 된다.

존(Zone)전기 영동법에서는 혼합 시료를 양극의 중간을 원점으로 하여 가느다란 띠처럼 걸치고 전기장을 걸어 주면 각각 다르게 이동성을 나타내는 단백질이 이 원점으로부터 이동해서 분리가 이루어진다.

다양하게 분리된 단백질이 서로 혼합되는 것을 피하고 분리될 때의 확산 속도를 작게 할 필요로 전기영동의 매질로는 고체, 반고체(젤, Gel)가

사용된다.

분리된 단백질은 그 장소에서 고정 시약으로 매질에 고정되거나 특별한 항체 혈청에 의해서 면역학적으로 고정하기도 한다. 때에 따라서는 특정 색소를 이용하여 특정 단백질을 염색하여 단백질의 위치를 결정한다. 사진을 찍어서 법정 증거로서 제출하는 것도 일반화되어 있다.

결과 해석

혈청학자는 실제로 두 개의 검체를 동시에 실험한다. 하나는 범죄 현장으로부터 수거된 것으로 보통 피해자의 것이며, 또 하나는 용의자의 혈액이다.

만약 이 두 개의 검체가 전기 영동법으로 PGM을 조사한 결과, 전혀 다른 표현형으로 판명되면 이것만으로도 용의자의 혐의를 벗어날 수 있게 된다. 만약 두 검체가 나타낸 전기영동 패턴이 동일하다면, 결론을 이끌기 위해서는 다른 실험이 필요하게 된다.

여러 가지 수법으로 두 검체를 비교했을 때, 단 한 가지만이라도 표현형에서 확실하게 차이가 나면 이것만으로도 용의자에 대한 의심을 벗어날 수 있다. 반대로 모든 혈청학적 실험의 결과, 동일한 표현형 패턴이 얻어졌다면 두 검체는 공통의 기초에서 유래한 것으로 보아야 할 가능성이 통계적으로도 매우 높다.

즉 어떤 사람의 혈액을 두 종류의 실험에 걸어서 각각 A와 B, 두 가지의 형태를 갖는 것이 나타났다고 하자. A의 이소짐 패턴과 B의 이소짐 패턴은 각각 전체 인구 중 10%, 30%의 출현 빈도를 갖는다고 하면, AB 양쪽이 함께 출현할 확률은 3%가 된다.

그리고 제3의 실험법에 의해서 다른 표현형 C가 알려지면 이것의 출현 빈도가 20%였다고 할 때, ABC가 함께 나타나는 빈도는 0.6%까지 내려간다.

특별한 상황에서 특수한 표현형이 인식될 경우, 백만 명 혹은 더 많은 숫자 가운데서 단지 한 사람으로까지 기원을 좁히는 것이 된다. 이것으로 혈청 단백질의 전기영동 분석이 갖는 유용성이 분명하게 나타났다고 생각된다.

"자연은 스스로 재현하지 않는다. 따라서 모든 물적 증거는 개별화가 가능하다고 할 것이다. 이것이 범죄학자가 사용하는 기본적인 전제이다. 이 전제 위에 범죄학이 성립한다."라는 말은 라우델(Laudel), 그룬바움(Grunbaum) 그리고 키르크(Kirk)의 세 사람으로부터 인용된 것이지만, 혈청 분석은 아직 지문처럼 개별화가 완전히 가능한 단계까지는 진보하지 못했다.

다만 전기 영동법이 도입됨에 따라서 목표에 꽤 접근하고 있으며 머지않아 목표에 도달할 단계라고 말할 수 있다.

09

범죄 연구소는 해답을 갖고 있는가?:
네 도시의 비교

Written by **조셉 L. 피터슨**

교과서나 과학 잡지에 실린 법과학에 관한 것은 대개가 연구실에서 발견된 사항이나 개개 사건에 대한 전망을 근거로 한 설명에 지나지 않는다. 또 전문적인 문헌은, 관습적으로 여러 가지 물적 증거 실험에 이용되는 몇 가지의 과학적 방법과 이들의 분석 결과로부터 얻어진 갖가지 정보에다 초점을 맞추고 있다.

한편 법과학의 일반적인 기사 중에는 범죄 연구소가 대형 범죄를 해결하고 정당하게 범죄인에게 유죄를 선고할 수 있다고 말하는 것은 소수에 지나지 않는다. 그렇지 않은 경우가 더 많다.

어떻든 최근 물건의 증거 분석 및 전문 감정가의 설명도, 법정에서는 결과가 나쁘게 나온 경우도, 다수의 사건 기록으로 남아 있다. 또 여러 가지 기록 문헌에서도 집적(集積)되고 있다. 이것은 적당하지 못하게 채취 시험된 증거물과 경험이 부족한 감정가의 증언에서 바탕하는 것으로, 법과학의 위험성을 보여주는 것이다.

여러 가지 사건을 전체적으로 종합하고 증거물의 탐색, 분석, 서술에 이르기까지를 정밀히 조사하여 하나의 연구 결과로서 활자화한 것은 거의 없는 것 같다.

법과학의 문헌으로부터는 전형적인 범죄 조사에서 채집된 물적 증거의 종류에 관한 것이 거의 알려져 있지 않다. 또 법과학 연구실에서 일상 업무로부터 어떤 결과가 얻어지며 어떤 정보가 도출되는가 하는 것도 서술되어 있지 않다.

특별한 경우를 제쳐놓고라도 우리는 법연구소의 법과학자에 의해서 공식적으로 입증된 물적 증거로부터 얻은 결과의 이점을 소홀히 하고 있다.

우리가 법과학에 대해서 깊이 이해하고, 장래에 증거물 시험으로부터 가능한 한 많은 이익을 얻기 위해서는, 역시 이와 같은 검토가 중요한 의미를 지니게 된다.

법과학적 증거와 경찰의 수사 연구

이 장에서는 최근 2년간에 걸쳐서 국립 사법 연구소와 법과학 기금의 원조를 바탕으로 실시, 우리 연구의 집적된 법과학적 증거 자료에 대해서 검토하고자 한다.

이 프로젝트는 경찰의 수사나 조사 등에서 과학적으로 분석한 증거물이 어느 정도로 이용되었고 얼마만큼이나 영향을 미쳤는가 하는 것을 확인하는 것이 최종 목적이다.

이 연구를 위해서 네 군데 사법 구역을 선택했다. 여러 가지로 사법 구역의 대표가 되는 곳으로서, 작은 읍으로는 일리노이주의 피오리아, 중소 도시로서는 미주리주의 캔자스시티, 그리고 캘리포니아주의 오클랜드, 대도시로서는 일리노이주의 시카고를 각각 선택하고, 여러 가지 물적 증거의 이용 상황을 조사했다.

부록 1에는 이 네 사법 구역에 대하여 경찰과 법과학 연구소 쌍방의 기초 자료를 각각 종합하여 게재했다. 이 연구에 사용된 기초적인 자료의 집적은 경찰서와 범죄 수사 연구소로부터 무작위로 선택하여 만들어진 것이다. 대개의 경우 물적 증거가 직접 분석되어 있는 1,600건을 열람한 것이다.

이 개설은 우선 경찰에게 불법 행위의 보고를 받은 것에서 시작하여 경찰서의 조사 전략, 물적 증거의 수집과 시험, 경찰에 의한 사건 처리 및 그 과정에서 체포된 사람의 법적 처리 등으로 끝을 맺는다.

이것의 대조 자료로서 증거물이 수집되어 있지 않거나 분석되어 있지 않은 약 1,000건의 강도 및 야간 절도, 집단 폭행 등의 사건도 역시 무작위로 취하여 비교했다.

이와 같은 표본 조사 계획은 물적 증거의 유무에 의한 동일한 종류의 범죄에 관해서, 경찰과 검찰 당국이 각각의 성과를 비교할 수 있다고 하는 것이다.

이 프로젝트는 최종 보고서로서 '법과학적 증거와 경찰'이라는 제목으로 1982년 피터슨 등에 의해서 간행되었고, 자료 수집, 상세한 토론 및 연구 결과를 종합하여 기재하고 있다.

이 장에서는 물적 증거를 수집하여 연구실에서 분석이 행해진 약 1,600건을 여러 가지 형태로 증거물을 과학적인 시험 결과에 중점을 두어 서술하고자 한다.

〈표 1〉은 이 1,600건을 범죄별로 분류한 것을 종합한 것이다.

표 1 | 물적 증거물에 따른 도시별 범죄 수

범죄 유형	피오리아	시카고	캔자스시티	오클랜드	합계
살인	29	72	51	71	223
그 밖의 사망 사건	21	7	0	1	29
부녀 폭행, 성범죄	53	53	49	70	225
강도	17	36	57	39	149
폭행	66	62	49	34	211
밤도둑	55	80	52	42	229
방화	2	40	44	0	86
무기, 총포	39	24	0	4	67
약물	52	54	46	73	225
사기, 문서 위조	0	13	55	0	68
기타	48	15	1	15	79
합계	382	456	404	349	1,591

증거물의 이용 과정

〈그림 1〉은 물적 증거의 집적과 분석의 이해를 돕고자 중요한 역할을 하는 결정권을 가진 사람과 그 결정점에 대한 일람표이다.

이 도표에는 기본적인 두 가지 통로로 묘사되고 있다. 한쪽은 물적 증거의 흐름이고 또 한쪽은 경찰 수사의 흐름이다. 이 두 가지 경로는 같은 시점에서 발생하고 당사자 간 서로 적지 않게 정보 교환을 하면서 진행하고 있다.

물적 증거의 흐름과 그로부터 도입된 제반 정보의 양쪽을 제어하는 결정 과정이 우리의 제일 큰 관심사가 된다.

이 장의 목표가 되는 것은 다음의 다섯 가지이다.

1. 범죄 현장에서 수집된 물적 증거와 이것에 상관되는 범죄사건 변수의 요약.
2. 증거물이 수집되고 분석에 돌려진 주된 이유.
3. 분석에 돌려진 증거물 가운데서 실제로 분석한 비율.
4. 범죄의 종류, 증거물의 형태에 의한 실험실에서의 시험 결과.
5. 범죄 현장으로부터 은폐되어 있던, 지문만 채취된 특별한 시료로부터 파생된 지문의 해석.

수집된 증거물의 구분 수에 따른 사건 변수

이 연구에서 많은 사건을 조사해서 우선 여러 가지 형태의 범죄에서 수집된 증거물이 실로 변화가 많은 다종다양한 것이라는 점을 알 수 있었다.

수집된 증거물의 양과 종류는 범죄 환경에 따라서 크게 변화하는, 소위 '사건 변수'라고 불리는 인자와 상관관계가 있다.

〈표 2〉에는 대인 범죄와 대물 범죄로 나누어 놓았고, 수집된 물적 증거의 구분수와 이 사건 변수와의 상관관계를 정리하여 나타냈다.

이같이 종합해서 보면 대인 범죄와 대물 범죄에서 상관성에 유의적(有意的)인 차이가 있기도 하고, 때로는 정부(正負)의 다름이 있기도 하다는 것을 알 수 있다.

〈표 2〉의 각주(脚注); X(카이) 2승 검정에 의해서 유의성을 시험한 결과는 여러 가지 독립 변수와 제2의 변수(채취된 증거물의 구분수)와의 사이

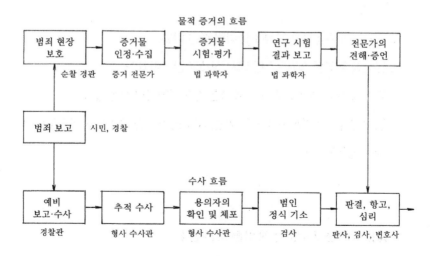

그림11 물적 증거의 흐름도

표 2 | 수집 증거물 구분수와 정(正) 상관관계를 나타낸 사건 변수

사건변수	피오리아	시카고	캔자스시티	오클랜드
더 많은 증거물이 수집됨				
대물 범죄보다도 대인 범죄	N.S.	***	***	***
대인 범죄 중 피해자 장해가 큰 만큼	***	***	***	***
범인이 피해자 현장에 접촉이 있을 때	***	***	***	***
대인 범죄에서 주택 안쪽	**	N.S.	N.S.	*
대물 범죄에서 주택 안쪽	(−)**	*	***	N.S.
대인 범죄에서 용의자가 미확인 수감 중일 때	***	N.S.	*	***
대물 범죄에서 용의자가 미확인 수감 중일 때	N.S.	**	**	N.S.
대인 범죄에서 목격자가 없을 때	***	***	***	***
대인 범죄에서 현장에 형사나 경찰 간부가 있을 때	***	***	***	***
대물 범죄에서 현장에 형사나 경찰 간부가 있을 때	**	**	***	N.A.

N.S.; 유의적 상관이 없음, N.A.; 무관계, (−); 부의 관계 *수는 x^2유의도를 나타냄, $p<0.05$;**, $p<0.01$;***, $p<0.001$.

에 강한 상관관계를 나타내고 있다.

유의적인 상관이 인식된다고 하는 것은 "어느 독립 변수와 제2의 변수와의 사이에 완전히 아무 상관관계도 존재하지 않는다."라는 것을 말하며, 즉 '제로 가설'이 기각될 수 있다는 것을 의미한다. 바꿔 말하면 두 변수 사이에는 상관관계가 확실히 존재한다고 말하는 것이다.

인자는 두 변수가 서로 독립되어 있을 때, 우연히 상관관계가 인식될 확률을 나타내고 있다. 그러므로 *(0.05 미만)는 이 확률이 5% 미만이라는 것을 가리키고, **(0.01 미만)는 1% 미만, ***(0.001 미만)는 0.1% 미만의 확률밖에 안 되는 것을 나타내고 있다.

범죄 분류

피오리아를 제외한 모든 도시가 대인 범죄가 대물 범죄보다 증거물 수집이 많다는 것을 분명히 알 수 있다.

오클랜드에서는 대인 범죄의 70%가 네 종류 이상의 증거물이 수집되었지만, 대물 범죄의 경우는 네 종류 이상이 채집된 것은 14%를 약간 넘을 뿐이다. 대물 범죄의 36%는 겨우 한 종류의 증거물만 채취되었는데, 대인 범죄에는 한 종만이 채취된 것은 전체의 9%다.

피오리아는 대인 범죄와 대물 범죄로 채집된 증거물 구분수에서는 유의차가 존재하지 않는다. 이 단일종의 증거물에는 지문만을 포함하고 있지 않다. 각각의 구분에 대해서는 나중에 언급하기로 한다.

개인 상해

살인, 폭행, 강도, 밤도둑 등의 대인 사건에서는 어느 사법 구역에서 수집된 증거물의 양은, 피해자가 받은 상해가 심한 만큼 많아진다고 하는 상관관계가 있다.

피해자의 상처가 극히 가벼워서 의사를 필요로 하지 않는 경우나 밤도둑 등으로부터 피해자가 거의 상해를 입지 않은 경우의 증거물로서는, 한 종류 내지 두 종류 정도밖에 채취되지 않는 것이 보통이다.

표 3 | 캔자스시티의 대인 범죄. 수집 증거물 구분수와 피해자가 입은 부상 정도

부상 정도	수집 증거물의 구분수				
	1	2	3	4 또는 그 이상	계
없거나 경미	27	29	20	24	34
경상	0	10	13	77	19
중상	11	27	35	27	22
치명상	0	0	4	96	25
계	11	18	18	53	100

가로, 세로의 합계는 100%, 숫자는 가로줄의 백분율이다. 가로 첫 칸의 27은 '피해자가 경미하거나 부상이 없을 때 수집 증거물의 구분수가 1일 때의 비율이 27%'임을 의미한다. X^2 유의도는 N=207, p〈0.001이다

상해의 정도가 크면 클수록 채취되는 물적 증거의 양이 증가한다. 〈표 3〉에는 캔자스시티의 대인 상해 사건의 관련성을 종합하고 있다.

오클랜드에서는 경미한 상해를 당한 경우에도 예외적으로 꽤 많은 증거물이 채취되고 있다. 이 현상을 근거로 한 경우, 아마 두 가지 이유가 있다고 볼 수 있다.

1. 범행 때 생성되는 증거물의 양 자체, 즉 흉악한 범죄일수록 증거물이 많이 나온다.
2. 흉악한 범죄의 경우, 될 수 있는 한 현장에서 증거물을 수집할 때 증거물 수집하는 사람의 의분적인 동기에서 증거물이 많이 나온다.

범죄자와 범죄 현장 및 피해자와의 상호 접촉

범인과 피해자 사이에 반드시 물리적인 접촉이나 투쟁이 있는 것이라고는 말할 수 없다. 절도사건 등에서 범인과 피해자 사이에 물리적인 접촉이 아무것도 없는 것으로 진단될 수도 있다. 이 같은 경우, 상해사건의 경우와 같이 물적 증거를 발견하거나 회수하거나 하는 것을 기대할 수 없다.

네 도시의 자료는 어느 것도 다 이 예측을 뒷받침해 주고 있다. 증거물의 구분수와 물리적인 접촉과의 사이에는 통계적으로 유의의 상관이 인식된다(p가 0.001 미만). 즉 피오리아에서 물리적 접촉이 있었던 경우, 네 종류 이상의 증거물 구분이 수집되고 있는 것은 사건의 52% 이상인데, 없는 경우는 겨우 6%밖에 안 된다.

범행 장소

대인 범죄에서는 상점이나 거리, 그 밖의 장소에서 일어나는 경우에 비해서, 집안에서 일어난 경우 많은 물적 증거가 수집되고 있다.

이 관계가 강하게 나타나고 있는 곳이 피오리아이다.

한편 시카고에서는 장소에 의한 차이는 거의 없다. 대물 범죄의 경우는 각 도시에 따라서 가지각색이다.

피오리아의 전문가는 주거 외로부터 많은 물적 증거를 수집하고 있는데, 그 밖의 도시에서는 정반대의 경향이 인정된다.

용의자의 확인 현상

네 군데의 사법 구역 중 세 군데에서는 다음과 같은 흥미로운 상관관계가 인정되었다.

용의자의 신원, 주거지에 관한 정보가 많은 경우에는 대인 범죄에서 수집된 물적 증거의 구분이 많아진다.

증거물 구분수가 최소로 되는 것은 용의자가 수감되어 있는 경우이다. 이 경우 수집된 물적 증거의 구분수가 적게 되는 것은 용의자에게 불리한 점을 진술하는 증인이 거의 존재하지 않는다는 것을 생각하면 당연하게 이해된다.

이 같은 상황에서는 범죄와 용의자를 관련 짓기 위한 특별한 물적 증거가 필요하다.

수감되어 있지 않거나 다른 방법으로 특정화시킬 수 없는 용의자에 대해서는 어떻게든지 많은 노력을 기울여서 정보를 빼내지 않으면 안 된다.

시카고는 이런 통칙으로부터 벗어나 있다. 수집된 물적 증거의 구분수는 용의자의 동정, 확인, 상황과는 관계가 없는 것처럼 보인다. 시카고는 범죄 1건에 대한 수집 구분수가 네 도시 중 일반적으로 가장 적다.

대물 범죄의 경우는 반대의 경향이 인정된다. 시카고와 캔자스시티의 경우는 수감되어 있는 용의자에 대한 증거물 수집수가 많다.

용의자가 수감되어 있지 않고, 또 수사의 초기 단계에서부터 동정되어 있지 않으면 대물 범죄의 해결은 확률이 낮아지기 때문에, 이 같은 경우에는 다종다양한 증거물을 수집하여 충분한 재검토를 하지 않았다는 기술 담당자의 경험 부족에 바탕하는 것이다.

만약 용의자가 수감되어 있다면, 물적 증거(거리에서 체포된 용의자의 지문이나 흔적 증거에 의해서 주거 안에 있었던 것을 확인한다)에 의해서 용의자의 혐의에 확증을 부여하는 기회도 기술 담당자에게 부여된다.

거의 증인이 없는 강도나 밤도둑 등의 경우, 이 확증이 부여되는 것은 지극히 큰 가치를 지니고 있다.

범죄에 대한 증인

앞서 기술한 여러 가지 변수 가운데서, 대인 범죄를 목격한 증인이 전혀 없는 경우에는 많은 증거물이 수집되어야 한다. 대물 범죄의 경우에는 용의자를 동정할 만한 증인이 한 명이라도 많을수록 증거물의 수집수가 증가한다는 것을 가리키고 있다.

이 관찰 결과로부터, 용의자의 사건 변수와 마찬가지로, 대물 범죄의 수사에서도 초기 단계에서의 좋은 출발점을 차지하기 위해서 많은 증거물이 수집되어야 한다는 것을 시사하고 있다.

현장에서의 경찰관

범죄 현장에서 수집된 증거물과 형사 그 밖의 상급 경찰관의 입회 아래서의 상관관계도 조사되었다.

이 자료로부터 전문 감정관이 많은 증거물을 수집한 것은 상급 경찰관의 입회 아래서 이루어진 것임을 알 수 있다.

이와 같은 유의차가 나타나는 것은, 전문 감식관에 따라서는 상급 경찰관으로부터의 영향이, 연구소 부문의 상사로부터의 영향과 같은 것으로 받아들여지는 것이라고 말할 수 있다.

그 결과로 평상시보다 열성적으로, 탐색이 이루어지는 것이라고 생각된다. 또 이 상관관계는 중요한 범죄에는 하급 경찰관보다 상급 경찰관이 출동하는 기회가 많다는 것에 기인하고 있다. 중요한 사건이 있으면 당연히 대량의 증거물이 수집되기 때문이다.

증거물의 수집원

각종 증거물의 구분에서 경찰관 중 어떤 사람에 의해서 수집된 것인가를 표에서 살펴보면 순찰 경관에 의한 수집은 단 한 종류의 증거물에 관해서만 주력하고 있는데, 여러 개로 구분되는 많은 증거물이 되면 차츰 그 가능성이 떨어지는 것을 알 수 있다.

표 4 | 캔자스시티의 대인 범죄. 수집 증거물의 구분 수와 피해자가 입은 부상 정도

증거물 구분수	증거물 수집자				
	경찰관	형사	증거 채취 전문가	의학자	합계
1	71	8	25	8	12
2	24	32	68	16	18
3	16	49	89	19	18
4 또는 그 이상	17	66	94	74	52
합계	25	50	81	46	100

가로·세로의 총계는 100%이며, 첫째 줄 첫 칸의 71은 수집 증거물(혈액, 유류품 등) 수가 1일 때, 경관이 수집자였을 경우 71%를 의미한다. 사건 총수 N=207 숫자는 세로의 백분율이다.

표 5 | 4종 이상 증거물 구분이 수집된 경우 각 경찰 요원의 채취 횟수

수집 요원	피오리아	시카고	캔자스시티	오클랜드
경찰관	20	32	17	42
형사, 감독자	86	81	66	66
증거 전문가	93	79	94	68
의학자(의사, 간호사, 병리사)	77	80	74	69

감식 전문가, 탐정, 전문 의사가 이런 종류의 증거물의 주된 발견자로 되어 있다.

〈표 4〉에 캔자스시티의 실례를 보였는데, 4구분 혹은 그 이상으로 분리된 증거물이 경찰에 의해서 발견된 것은 17%밖에 안 된다.

〈표 5〉는 4구분 이상의 증거물에 대한 발견 횟수의 백분율을 각각 발견자의 직종별로 구분 정리한 것이다.

물적 증거의 구분

〈표 6〉은 살인, 부녀 폭행, 절도, 강도 등을 모두 종합하여 물적 증거의 상위 5구분을 각 도시별로 보인 것이다. 이 결과로부터 아래의 사항을 알 수 있다.

1. 체액과 총포는 폭력 범죄의 현장에서 수집한 증거물이 대부분이다.

2. 지문, 유류품, 공구흔 등은 대물 범죄의 증거품 중 주된 것이다.

3. 오클랜드의 대인 범죄에서 증거물로 혈액과 총포가 차지하는 비율이 네 도시 중 제일 높지만, 피오리아에서는 혈액 증거가 차지하는 비율이 최저 이다.

4. 지문과 유류품이 감식 연구실에서 분석된 비율이 네 도시 중 시카고가 가장 낮다.

한편 캔자스시티는 양쪽이 모두 최고의 비율을 나타내고 있다.

표 6 | 모든 범죄를 종합할 때 수집 빈도가 높은 증거물 구분(%)

피오리아(N=241)	시카고(N=310)	캔자스시티 (N=258)	오클랜드(N=257)
총포(52%)	총포(40%)	지문(63%)	혈액(52%)
혈액(32%)	혈액(38%)	총포(29 %)	지문(49 %)
지문(28%)	지문(23 %)	혈액(21 %)	총포(47%)
모발(23%)	문서(13%)	모발(18%)	모발(24%)
정액(14%)	정액(13%)	화재 관련(13%)	정액(23%)

사건의 중요성과 수집된 증거물

대인 범죄 사건의 급격한 증가와 체액 증거 시료의 수집 비율과는 꽤 분명한 상관관계가 인정된다. 유류품, 지문에 대해서도 마찬가지이다.

한편 대물 범죄 사건에는 탈취된 금액과 수집된 증거물의 구분과의 상관관계는 인정되지 않는다.

상호 접촉과 수집된 증거물

범인과 피해자와의 상호 접촉이나 증거물과의 상관은 체액뿐만 아니라 유류품, 지문 등에서도 꽤 명료하다. 반대로 상호 접촉이 인정되지 않는 것은 총포이다. 결국 사건이 일어났을 경우, 피해자의 손이 닿지 않는 경우에 발포되었기 때문에 피해자와의 접촉은 일어나기 어려운 것이라고 말할 수 있다.

총포는 협박용으로 사용되기도 하고 때에 따라서는 발포도 하는 것이므로 반드시 범인이 피해자와 말다툼 끝에 한 행동만을 의미하는 것은 아니다. 오히려 총포는 그 위에 묻은 지문이나 혈흔 등의 다른 구분의 증거물 근원으로 이용되고 있다.

체액이나 유류품 등의 증거물은 대물 범죄의 경우, 범인이 현장에서 여러 가지 행위를 취했을 경우에만 나타난다. 이것에 대해 지문이나 흉기는 범인이 현장에서 별로 특별한 행위를 하지 않았다 하더라도 자주 수집할 수 있는 증거물이다.

감식 분석용 시료를 연구실에 송부하는 이유

〈표 7〉에는 감식 연구실로 분석을 의뢰하는 여러 가지 이유를 종합해 보았다. 〈표 7〉 중 N값은 한 가지 사건에 대해서 증거물이 송부된 이유를 분석한 수이다.

표 7 | 증거물의 감정 연구 기관 송부 이유(%)

이유	피오리아 N= 862	시카고 N=1139	캔자스시티 N=1139	오클랜드 N=715
구성 요소	8	9	10	9
관련 입증	62	44	52	63
범인/현장	35	28	55	32
범인 / 피해자	23	9	8	24
총포 관계	34	43	24	38
피해자 / 현장	4	8	12	5
공구	2	1	1	—
문서	—	9	—	—
재구성	13	32	32	13
확증	4	6	5	10
조작 가능성(총포)	13	9	1	5
계	100	100	100	100

개개 사건의 증거물은 단일 구분에 속하는 것으로만 한정할 수는 없으며, 가령 동일 구분에 속하는 증거물이라도 몇 가지 이유로 감식에 돌려졌기 때문에, 어느 사법 구역에서도 N값은 추출된 사건의 수보다 크게 되어 있다.

범죄의 구성 요소

특정 성분의 존재를 확인하기 위해서 범죄 증거물이 감식에 회부된 비율은 전체 의뢰 횟수의 8~10% 정도이다.

이 계산 가운데는 약물 및 수면제 등과 관련된 사건은 포함되어 있지 않다. 다만 밤도둑 용의자의 차 안에서 약물이 발견되면 이것은 증거물을 구분하는 하나로서 당연히 감식에 회부된다.

또 부녀자에 대한 폭행과 방화 양쪽에 관계되었을 경우에는, 증거물로부터 범죄 요소를 확정하기 위해서 감식을 유용하게 이용하고 있는 범죄 구분이다. 이 경우 용의자의 정액과 가연성 물질을 동정하기 위해서 연구실로 보내게 된다.

증거의 관련 입증

증거물이 감식 연구실로 보내진 이유의 대부분은 어느 사법 구역에서도 마찬가지로 인간, 흉기(총포, 무기류, 도구 등), 흉행 장소 등 관련을 입증하기 위한 것이다.

피오리아에서는 62%, 오클랜드에서는 63%가 이 목적을 위한 것이며, 캔자스시티의 52%, 시카고의 44%는 이것에 비하면 조금 낮지만 역시 앞의 두 곳과 마찬가지로 첫 번째의 이유인 것에는 다름이 없다.

무엇과 무엇으로부터 관련성을 입증하는 것인지 살펴보면, 피오리아와 캔자스시티에서는 범인과 범행 장소와의 조합이 첫 번째로 되어 있다.

시카고와 오클랜드는 총포류가 주된 대상으로 이들 무기와 소유자, 범인, 피해자와의 관련 입증을 의도하고 있다.

네 도시 중 분명한 차이가 인정되는 것은 범인과 피해자와의 관련성을 해명하려는 의도로써 의뢰한 비율이다.

시카고와 캔자스시티에서는 이 같은 의도에서 의뢰하는 것이 10%에 미치지 못하지만, 피오리아와 오클랜드에서는 의뢰 이유의 약 1/4을 차지하고 있다. 이 결과는 대체로 부분적으로는 대인 범죄의 비율이 다르다는 점에 기인한다. 피오리아와 오클랜드에서는 연구 대상의 80%가 대인 범죄에 속하는데, 시카고는 70%, 캔자스시티는 60%이다.

재구성

범죄의 재구성을 위해서 감식 연구실로 송부한 비율은 오클랜드, 피오리아의 13%에 비해서 시카고와 캔자스시티는 32%로 약 2배 반이다. 이것은 시카고와 캔자스시티가 감식을 의뢰하는 사건 증거 중 꽤 높은 비율을 차지하는데, 결국은 표준 조건을 만족시키지 못하고 있다는 것을 말해 주고 있다. 즉, 범죄 현장으로부터 혈흔 증거물이 회부되어도 기지의 검체(범인, 피해자 등으로부터)가 첨부되지 않는 것이 있다.

이 같은 경우에는 시험을 하더라도 흘린 피의 혈액형에 대해서만 정보를 제공할 뿐, 어떤 특정 개인과는 관련을 지을 수가 없다.

확증

증거물의 4~10%가 증인이나 피해자의 진술 또는 용의자의 알리바이를 확인하기 위해서 감정에 회부된다.

이와 같이 감식에 송부된 이유는 부녀자에 대한 폭행 사건의 경우에 특히 많다. 이 경우, 피해자로부터 얻은 증거물이 피해자 자신이 경찰관에게 한 진술이 진실인가 허위인가를 시험하는 자료가 된다.

총포의 조작 가능성/대조 비교

피오리아와 시카고의 총포에 대한 증거물 시험의 대부분은, 총기의 조작 여부와 전에 있었던 범죄와 관련이 있는 총포가 사용되었는가 어떤가를 알기 위해서 대조, 비교하는 것이다.

피오리아에서는 범죄에 관련된 총기 시료의 약 10%가 불법으로 소지된 무기에 의한 것이다. 기소를 받으면 문제의 총포가 발사 가능한 상태에 있는 것인지를 연구실은 감식해서 증명해야 한다.

수집된 증거물과 검사 대상의 증거물과의 건수 비율

〈표 8〉에 4개 도시의 범죄 형태에 대해서 직접 시험된 증거물의 구분 평균수를 종합해 놓았다. 도시의 아래 칸에 기록된 분수는 실제로 분석된 증거물의 구분수를 각각의 사건에서 채집된 평균 증거물의 구분수로 나눈 값이다.

피오리아의 분석 경찰관은 살인사건과 방화사건의 경우, 4개 도시 중 증거물 구분을 분석한 비율이 제일 높다는 결과가 있었다. 오클랜드는 거꾸로 최저의 분석 비율이 된다.

살인사건의 경우, 오클랜드의 증거물 전문 수사관은 한 가지 사건당 평균 6.3구분의 증거물을 채집하고 있지만, 감식 연구실에 시험된 것은 1.8구분에 지나지 않는다.

부녀 폭행 사건의 경우도 오클랜드의 연구실에서 시험된 증거물의 구분수는 한 가지 사건 당 1.4로서 4개 도시 중 최저지만 수집된 증거물 구분수는 캔자스시티와 나란히 5.2로 최대이다. 캔자스시티를 보면, 증거물 구분수의 시험 채집 비율은 강도 사건의 경우, 최대가 되어 있다. 반대로 살인사건에서는 최저의 비율이다.

표 8 | 수집 증거물의 구분 중 실제 범죄에 감정된 것

범죄 구분	피오리아		시카고		캔자스시티		오클랜드	
	N	%	N	%	N	%	N	%
살인	$\frac{2.2}{4.3}$	51	$\frac{2.0}{4.0}$	50	$\frac{3.3}{5.8}$	57	$\frac{1.8}{6.3}$	29
성범죄	$\frac{2.4}{3.2}$	75	$\frac{1.8}{2.8}$	64	$\frac{2.7}{5.2}$	52	$\frac{1.4}{5.2}$	38
강도	$\frac{1.4}{2.0}$	70	$\frac{1.5}{2.2}$	68	$\frac{1.5}{3.0}$	50	$\frac{1.3}{3.4}$	38
폭행	$\frac{1.4}{1.9}$	74	$\frac{1.3}{2.1}$	62	$\frac{1.3}{1.9}$	68	$\frac{1.1}{3.0}$	37
밤도둑·절도	$\frac{1.4}{1.7}$	82	$\frac{1.1}{1.5}$	73	$\frac{1.5}{3.0}$	50	$\frac{1.1}{1.7}$	65
방화	–	–	$\frac{1.1}{2.2}$	50	$\frac{1.3}{2.2}$	57	–	–

표 중 분모는 수집 증거물을 구분한 평균수, 분자는 실제로 분석된 증거물의 구분 평균수.

이 결과로부터 알 수 있는 것은 중대한 악질 범죄의 경우일수록 수집 증거물의 구분수가 많아진다고 할 수 있다. 그리고 감식 연구실에서는 대부분의 시험을 하기 전에 부류별로 나누어서 하고 있다.

연구실의 결과

범죄 분류에 의한 연구실의 결과는 〈표 9〉에 대인 범죄와 대물 범죄의 각각에 대하여, 네 사법 구역에서 연구실의 시험 결과를 종합해 보았다. 이 표에서 N은 각각의 사법 구역으로부터 감식 연구실로 송부된 증거물의 구분수이다.

각각의 범죄 분류에 대해서 이것을 합산하면 100%를 초과한다. 이것은 채집된 증거물의 각각에 대해서 최대 세 종류의 결과가 얻어지는 것을 알려주기 때문이다.

그것은 자주 일어나는 것은 아니지만, 어느 한 가지 사건에서 범죄 현장의 여기저기로부터 수집된 혈액 시료가 연구실로 보내지는 것도 있다. 이 같은 경우, 한 가지 시료로는 결정적인 결과를 얻을 수 없다. 그러나 한 가지 종류로써 분명히 용의자의 것으로 확인되는 일도 있다.

감식 시험이 증거물의 동정, 즉 문제의 반점이 혈흔이냐, 액체가 가연성이냐고 하는 것과 같은 추측이나 분류로서, 결국 반점이 A형 혈액이냐, 가연성 액체가 가솔린이냐고 하는 추측만으로서 끝날 경우에는 〈표 9〉의 첫줄 '동정/분류'의 항목으로 분류한다.

시카고의 경우, 이 구분에 의한 비율은 살인 범죄나 대물 범죄에서 모두 4개 도시 중 최대이다.

처음의 단계에서는 모든 증거물이 동정되고 분류된다. 그것이 나중에는 표준품과 비교되고 증거물의 기원에 관련된 결론이 산출된다고 할지라도 말이다.

표 9 | 증거물을 연구소의 시험으로 얻은 결과(%)

연구 결과	피오리아		시카고		캔자스시티		오클랜드	
	대인 (N=421)	대물 (N=97)	대인 (N=411)	대물 (N=123)	대인 (N=431)	대물 (N=161)	대인 (N=332)	대물 (N=48)
동정/분류	36	20	58	49	41	29	42	17
부정적 동정	5	2	5	11	3	9	8	0
공통 기원	44	54	21	5	29	12	35	27
별개 기원	5	12	1	2	7	7	16	31
재구성	5	0	10	2	11	14	6	2
결론 없음	25	20	20	38	24	49	13	25

N은 연구소에서 분석된 증거물 구분수의 총계.

즉 혈액 시료만을 우선 종합한 다음, 기원에 따른 분류로, 혈액 시료와 비교를 하고, 이 결과로서 공통의 기원에 기초로 한 것인지 어떤지를 말하면 된다(지금 혈액의 경우라면 '공통 기원에 있다고 말할 가능성이 높다'라고 하는 표현이 된다).

이 경우는 '동정/분류'와 '공통 기원'의 양쪽 항목으로 분류되게 된다.

둘째 줄에는 '부정적 결과'를 종합했다. 즉 증거물이 송부될 때의 예측과는 전혀 다른 것이었다고 하는 경우이다.

혈흔, 정액, 가연성 액체, 법적 규제 물질 등이 증거물로서 연구실로 송부되어 시험한 결과, 범죄와의 관계가 부정되었다고 하는 경우이다. 이들 물건의 숫자 중 몇 개는 규제 물질이 아니더라도 전혀 처방이 다른 약제의 존재를 나타낸 경우나 불순물에 의한 오염이나 경시적(經時的) 변화, 그리고 시료가 너무나 미량이었기 때문에 연구실에서 분석을 해도 문제의 물질이 검출될 수 없다는 경우도 포함하고 있다.

'공통 기원'의 경우는 표준품과의 관련성이(정도의 차는 있음) 어떠한 형태로든지 입증되는 것의 백분율을 나타내고 있다. 4개 도시를 비교해 보면, 이 구분에는 피오리아가 뛰어나게 높은 수치임을 알 수 있다.

연구실의 시험 결과 대인 범죄에서는 44%, 대물 범죄에서는 54%가 이 '공통 기원'의 구분으로 분류되어 있다.

한편 시카고는 반대로 이 '공통 기원'의 구분이 최저이고, 대인 범죄 21%, 대물 범죄 54%가 이 구분에 들어간다.

캔자스시티와 오클랜드의 대인 범죄에 대한 감식 결과는 이 구분에서 차지하는 비율이 어느 정도 다르지는 않지만, 대물 범죄의 경우는 오클랜드가 캔자스시티의 2배 이상의 비율을 나타내고 있다.

이 같은 비교에서 나타난 차이는 시료의 크기, 즉 사건의 건수가 중요하다. 시카고와 캔자스시티는 모두 범죄 사건의 건수가 오클랜드와 피오리아에 비해 2~3배나 더 많다.

이렇게 보면 시카고와 캔자스시티는 감식에 돌려진 대물 범죄 사건에서는, 표준(대조) 시료의 부족 때문에 판별 능력을 발휘하지 못한 채 불충분한 그대로 있는 것이라고 하게 된다.

이와 반대로 피오리아와 오클랜드에는 증거물이나 표준 시료 양쪽 모두 충당할 수 있는 것을 연구실로 돌려서 시험되고 있는 것이라고 하겠다. 오클랜드 연구실의 결과에는 두 가지의 증거물이 공통 기원을 갖고 있지 않다. 결국 별개의 기원이라고 입증하는 결론을 내린 비율이 4개 도시 중 특히 높다.

이것은 오클랜드의 감식 시험관이, 두 개의 검체가 정합(整合)될 수 없는 경우에는 '동일 기원'이 아니다라고 자신 있게 명쾌한 보고를 했기 때문이다.

다른 도시에서는 이 같은 경우, 조심스럽게 소극적으로 '판정할 수 없다' 하고 보고한 것이다.

'별개의 기원이다' 하고 말하는 결과는 매우 가치가 높은 정보를 함유하고 있다. 결국 이것으로부터 수사 당사자가 용의자를 잘못 추적하고 있으며, 사건의 발생에 대해서 틀린 가설을 세워놓고 수사를 하고 있다는 것을 처음으로 지적할 수 있다.

4개 도시의 경우, 모두 공통이기는 하지만 대물 범죄의 증거물이 대인 범죄의 증거물보다 '다른 기원'이라고 입증되는 비율이 커졌다.

'결정 불가능'이라는 결과가 나타난 것은 감식 연구실이 하나뿐이기 때문에 결정적인 결과가 될 수 없는 경우이다.

피오리아는 공통 기원의 입증 비율이 4개 도시 중 최고인데, 흥미로운 것은 대인 범죄의 '결정 불가능'이라는 비율도 최고라는 점이다. 캔자스시티는 대물 범죄의 증거물 중 약 반수가 '결정 불가능'의 구분에 들어 있고, 이것은 4개 도시 중 제일 높은 비율이다.

증거물 구분에 따른 연구실의 결과

〈표 10〉에서부터 〈표 13〉까지는 각 사법 구역별로 증거물의 구분마다 연구실의 시험 결과를 종합해서 나타낸 것이다.

표에서 N은 대인·대물 범죄의 각각에 대해서 여러 가지 증거물 구분이 감식 연구실로 송부된 횟수를 나타내고 있다.

어떤 종류의 증거물 구분에는 범죄의 성질에 따라서 지극히 낮은 빈도로밖에 나타나지 않는 것도 있기 때문에, 백분율을 기록한 것은 N(사건수)이 5 이상의 것을 가리키는 것이다.

혈액 증거물로부터 동정이 가능한 것이나 확실한 공통 기원이라고 결론이 난 횟수의 백분율은, 오클랜드의 40%에서부터 시카고의 6%에 이르기까지 다양한 값을 나타내고 있다.

대물 범죄의 증거물로서 혈액은 거의 없지만, 시카고만은 예외적으로 범인과 피해자, 범행 현장과의 관련 입증에서 8%만이 성립되고 있다.

표 10 | 피오리아-감식 연구소 결과 중 증거물 구분과 범죄 분류에 의한 분포

증거물 구분	범죄 형태	N (사건 수)	결과 (%)					
			동정	부정적 동정	공통기원	별개 기원	재구성	결론 없음
혈액	대인	86	90	2	29	1	1	12
	대물	4	–	–	–	–	–	–
정액	대인	43	67	32	5	0	0	2
	대물	0	–	–	–	–	–	–
모발	대인	56	20	0	32	20	2	30
	대물	1	–	–	–	–	–	–
총포	대인	149	7	0	62	1	14	49
	대물	14	36	0	21	0	0	64
공구흔	대인	3	–	–	–	–	–	–
	대물	22	9	0	82	9	0	14
족적	대인	42	2	0	81	14	0	2
	대물	15	0	0	53	13	0	33
유류품	대인	14	14	0	57	21	0	14
	대물	21	0	0	62	33	0	0
약물	대인	25	76	24	0	0	0	0
	대물	11	82	18	0	0	0	0
가연물/ 폭발물	대인	3	–	–	–	–	–	–
	대물	0	–	–	–	–	–	–
압흔/ 패턴	대인	10	10	0	60	0	40	10
	대물	9	0	0	78	11	0	11

N이 5 이하인 경우 계산하지 않음

표 11 | 시카고-감식 연구소 결과 중 증거물 구분과 범죄 분류에 의한 분포

증거물 구분	범죄 형태	N (사건 수)	결과 (%)					
			동정	부정적 동정	공통기원	별개 기원	재구성	결론 없음
혈액	대인	139	95	4	14	0	1	1
	대물	25	96	4	8	0	0	0
정액	대인	48	79	17	0	0	0	4
	대물	0	-	-	-	-	-	-
모발	대인	19	79	0	11	11	0	16
	대물	0	-	-	-	-	-	-
총포	대인	157	26	0	34	2	25	37
	대물	14	7	0	7	7	7	79
공구흔	대인	5	40	0	0	0	0	60
	대물	21	67	0	0	0	5	29
족적	대인	23	0	0	39	4	0	57
	대물	23	0	0	13	0	0	87
유류품	대인	2	-	-	-	-	-	-
	대물	1	-	-	-	-	-	-
약물	대인	3	-	-	-	-	-	-
	대물	0	-	-	-	-	-	-
가연물/ 폭발물	대인	13	46	54	0	0	0	15
	대물	34	56	35	0	0	0	24
압흔/ 패턴	대인	2	-	-	-	-	-	-
	대물	3	-	-	-	-	-	-

N이 5 이하인 경우 계산하지 않음

표 12 | 캔자스시티-감식 연구소 결과 중 증거물 구분과 범죄 분류에 의한 분포

증거물 구분	범죄 형태	N (사건 수)	결과 (%)					
			동정	부정적 동정	공통기원	별개 기원	재구성	결론 없음
혈액	대인	70	100	0	6	0	4	0
	대물	8	100	0	13	0	0	12
정액	대인	44	75	23	0	0	2	7
	대물	0	–	–	–	–	–	–
모발	대인	61	18	0	26	20	3	46
	대물	2	–	–	–	–	–	–
총포	대인	102	39	0	45	1	37	18
	대물	0	–	–	–	–	–	–
공구흔	대인	5	60	0	40	20	0	0
	대물	10	50	0	10	0	10	40
족적	대인	115	2	0	46	14	0	46
	대물	72	0	0	7	10	0	83
유류품	대인	11	36	0	27	18	0	27
	대물	13	0	0	31	23	0	46
약물	대인	15	67	27	7	0	0	0
	대물	5	80	20	0	0	20	0
가연물/ 폭발물	대인	2	–	–	–	–	–	–
	대물	47	62	28	8	4	45	17
압흔/ 패턴	대인	6	33	0	33	0	33	0
	대물	4	–	–	–	–	–	–

N이 5 이하인 경우 계산하지 않음

표 13 | 오클랜드-감식 연구소 결과 중 증거물 구분과 범죄 분류에 의한 분포

증거물 구분	범죄 형태	N (사건 수)	결과 (%)					
			동정	부정적 동정	공통기원	별개 기원	재구성	결론 없음
혈액	대인	60	65	8	40	8	0	13
	대물	3	–	–	–	–	–	–
정액	대인	54	70	30	2	2	0	5
	대물	0	–	–	–	–	–	–
모발	대인	12	25	8	67	8	0	0
	대물	5	–	–	–	–	–	–
총포	대인	120	41	1	48	12	14	14
	대물	5	50	0	20	0	20	20
공구흔	대인	0	–	–	–	–	–	–
	대물	1	–	–	–	–	–	–
족적	대인	67	1	0	37	44	0	19
	대물	16	0	0	25	63	0	19
유류품	대인	1	–	–	–	–	–	–
	대물	15	13	0	33	7	0	47
약물	대인	9	56	44	0	0	0	0
	대물	2	–	–	–	–	–	–
가연물/ 폭발물	대인	0	–	–	–	–	–	–
	대물	0	–	–	–	–	–	–
압흔/ 패턴	대인	9	33	0	11	22	33	11
	대물	6	0	0	50	50	0	0

N이 5 이하인 경우 계산하지 않음

부녀 폭행, 그 밖의 성범죄에서 용의자의 동정 비율은 시카고가 최고로 79%에 이른다. 그 밖의 3개 도시도 거의 70% 정도의 성적을 보이고 있다. 한편 모발 시료에 대해서 살펴보면, 오클랜드에서는 감식에 송부된 수는 적지만 (N=12)$2\frac{2}{3}$에 대해서 가능성 또는 확실한 공통 기원이라는 결론이 나와 있다. 피오리아와 캔자스시티에서는 N은 거의 같은 60%이지만 공통 기원이 입증된 것은 $\frac{1}{4}$ 내지 $\frac{1}{3}$ 정도밖에 없다.

증거물로서 감식 연구실에 송부된 총포류는 대인 범죄의 공통 기원이 입증된 것으로는 4개 도시 간에 그다지 차이가 크지 않지만, 피오리아는 62%로 최고이다.

대물 범죄에서 공구흔으로부터 공통 기원이라는 것이 입증된 비율도 피오리아가 최고로 82%였다. 시카고에서 수집된 21종의 공구흔에 대해서는 공통 기원이 입증된 것이 하나도 없다. 시카고의 공구흔 담당 부문은 피오리아보다 훨씬 많은 검체를 취급했지만, 비교하기 위한 기기가 없기 때문에 시험 결과로서는 다만 사용되었을 가능성이 있는 총포의 형태에 관한 정보를 제공하고 있을 뿐이다.

공구흔의 공통 기원 정보는 수사관에 따라서 가능성이 있는 용의자의 범위를 좁혀줄 뿐만 아니라, 수사상의 원조가 될 수도 있다.

피오리아는 대인·대물 범죄에서 흔적 증거의 공통 기원 입증에 대해서 최고의 비율을 나타내고 있다. 오클랜드의 시료는 대인 범죄에 한해서 흔적 증거(모발, 유리, 섬유 등)가 전혀 포함되어 있지 않다. 시카고의 경우는 검체수가 워낙 적어서 표에 나타낼 정도도 안 된다.

그 밖의 물적 증거가 송부된 경우에 검출된 약제의 증거에 대해서도 표에 기록되어 있다. 혐의가 가는 어떤 약제가 규제 대상으로 되어 있는 것과 동정된 비율은 $\frac{1}{2}$ 에서 $\frac{3}{4}$ 에 이른다.

압흔이나 그 밖의 흔적에 대해서는 4개 도시 모두 공통적으로 증거물로서의 건수는 지극히 작다. 피오리아가 가장 많은데, 그래도 10건 정도이고, 시카고는 2~3건밖에 안 된다. 다만 이 증거물은 긍정적인 결과를 나타내는 비율이 높고, 공통 기원이나 별개의 기원 입증, 범죄의 재구성 등에 크게 공헌하고 있다. '가연물/폭발물'은 시카고가 캔자스시티와 더불어 동정 비율이 거의 같으며 50~60% 정도 된다.

오클랜드와 피오리아는 방화 증거물 자체의 수가 적기 때문에 다른 것과 더불어 거론하기에는 자료가 너무나 부족하다. 중요한 것으로는 '문서의 필적 감정'이 있다. 이것은 4개 도시 중 시카고밖에 실시되지 않았기 때문에 이 표로부터는 생략했지만, 미국 내에서도 이 감정이 가능한 곳은 시카고를 포함하여 4개소밖에 없다.

이것의 목적은 문서의 확실성(출소의 정확성)과 필자를 결정하는 것이다.

시카고의 자료에 의하면 사건수의 16%만이 어떤(결정적으로 확실하거나 혹은 가능성 있는) 공통 기원을 입증할 수 있다고 한다. 이 중에서 중요한 것은 수표 또는 신용카드에 기록된 필적의 문자가 특정 개인의 것인가에 대한 관련을 짓는 일이다.

그리고 나머지 24%는 타자기로 타자된 어느 문자가 어느 회사의 어느 형태의 타자기로 타자된 것인가를 분류한다든지, 위조지폐의 검출과 확인을 하는 등의 사건을 취급하여 긍정적인 결과를 얻어내는 것이라고 한다.

다만 증거물로 송부된 것 중에서 약 반수에 대해서는 결정적인 결과를 얻지 못한 채로 되돌려 보내지는 것이 현재 상황이다.

증거의 가치: 관련된 의문의 해답

〈표 14〉는 각종 증거물의 구분 분석에 따라서 용의자, 피해자, 범죄 현장, 범행에 사용된 흉기 등 상호 간의 관련성이 확인된 경우의 횟수를 백분율로 종합한 것이다.

표 14 | 감식 연구소의 결과가 사람 및 물건 상호 간에 관련이 있는 것을 입증한 횟수의 백분율

증거물 구분	범죄 형태	피오리아 N(%)	시카고 N(%)	캔자스시티 N(%)	오클랜드 N(%)
혈액	대인	93(31)	76(33)	24(38)	53(36)
	대물	4(50)	26(8)	5(40)	3(0)
모발	대인	75(39)	6(50)	52(50)	11(36)
	대물	1(100)	0(0)	15(7)	0(0)
지문	대인	48(65)	34(24)	151(48)	81(64)
	대물	18(61)	38(3)	156(7)	24(54)
총포/ 공구흔	대인	104(86)	138(49)	112(70)	129(71)
	대물	33(70)	38(5)	9(22)	3(33)
유류품	대인	17(59)	2(100)	8(38)	1(100)
	대물	25(64)	3(33)	12(50)	15(53)

표 중 백분율은 관련을 입증하기 위해서 증거물이 연구소로 송부된 사건수(N)에 대해서 입증이 성공한 것과 관련성이 부정된 것과의 비율이다

이것을 대상으로 삼은 이유는 일반적으로 관련성을 입증하는 데 의미가 있는 것으로 인정되는 증거물을 구분하고 있기 때문이다. 따라서 약제, 가연물, 폭발물, 정액 등의 증거물은 여기에 포함되어 있지 않다. 이렇게 말하는 것은 표준적인 감식 연구실의 분석에서는 이들을 주로 한 물건의 확인에만 그치고 있기 때문이다.

1980년에 우리가 이 연구 프로젝트를 출발시킨 것이지만, 정액 시료의 혈액형 동정이 여러 곳의 연구실에서 시작된 것은 이보다 나중이고, 현재는 부녀 폭행 사건의 증거물에서 관련성을 입증하는 데는 꽤 강력한 보조 수단이 되고 있다.

이 표로부터 다음과 같은 것을 알 수 있다. 즉 피오리아는 93건의 혈액 증거물이 감식 연구실에 돌려졌는데, 이것을 의뢰한 목적은 복수의 인간 사이, 또는 특정 인간과 특정 장소, 또는 특정 인간과 특정 흉기와의 관련성을 입증하는 데 있다. 이 93건 중 혈흔으로부터 이들의 관련성이 입증이 될 수 있었던 것과 부정된 것과의 합이 31%가 된다고 한다. 도시별로 비교하는 것보다는 각각의 증거물 구분별로 성공을 거두는 비율이 어떻게 되어 있는가를 보는 쪽이 훨씬 유익하다.

종합해 보면 다음과 같다.

대인 범죄

1. 관련성을 입증하기 위해서는 총포나 화기가 모든 증거물 중 성공 확률이 높다.

2. 혈흔은 4개 도시 중 3개 도시에서 긍정적이든 부정적이든 관련 입증으로는 최저 실적을 나타내고 있다.

3. 지문은 다른 증거물과 비교해서 어느 도시에서도 2위, 3위의 순위로서 비교적 유효성이 높은 입증률을 나타내고 있다.

대물 범죄

1. 전체 횟수의 반 이상에서 흔적 증거는 관련성 문제 해결에 유효하다.

2. 공구흔은 흉기와 범죄 현장의 관련성에 유효하고 최고 70% 정도이다. 최저의 경우는 불과 5%밖에 성공하지 못한다.

3. 대인 범죄에 비해서 지문의 유효성은 관련 입증이나 무관계의 입증으로 이용하는 것이 적다.

지문만 채취 시험된 경우의 연구실의 결과

강도나 밤도둑의 범죄 현장 수사로부터 지문만 증거물로 채취되는 경우가 실제 범죄의 많은 부분을 차지하고 있으며, 물적 증거가 수집된 사건 가운데서도 상당한 비율이 되기 때문에, 이들에 대해서는 따로 취급할 필요가 있다.

이러한 점이 지금까지 논의되었던 것은 종래 지문의 동정이 감식 연구실 밖에서 취급되었기 때문이다. 유일한 물적 증거로서 지문이 취급되고 있는 곳은 피오리아, 시카고 및 오클랜드의 3개 도시이다. 캔자스시티의 자료가 없는 것은 기록 보존의 기한을 넘겼기 때문이다.

〈표 15〉에는 세 종류의 경우에서 지문 증거로 이용한 상황을 비교하고 있다.

1. 밤도둑/재물 범죄 중 지문만 채집된 것.

2. 밤도둑/재물 범죄 중 그 밖의 물적 증거가 감식 연구실에서 시험된 것.

3. 밤도둑 이외의 범죄로서 감식 연구실에서 물적 증거가 시험된 것.

이 분류 중 2, 3의 두 가지는 연구실에서 시험된 물적 증거와는 달리, 지문이 채취되어 있는 경우도 있고 또 그렇지 않은 경우도 있다.

〈표 15〉의 둘째 항의 숫자는 한 가지 사건당 평균 물적 증거의 구분수이다. 그다음 칸에는 지문이 채집되어 있는 사건의 비율을 나타내고 있다. 따라서 1번의 경우 당연히 100%가 되고 있다. 넷째 항에는 법과학적으로 분석, 시험된 증거 구분의 수를 기입했다.

1번의 경우, 지문만 시험되었기 때문에 어느 도시를 취해 보더라도 평균은 모두 100이 되고 있다. 마지막 항에는 지문 분석이 행해진 비율을 사건 수의 백분율로 나타내고 있다.

표 15 | 지문 증거물의 이용

도시	시료	사건수	평균 증거물 수집수	지문 채취율(%)	평균 분석수	지문 분석을 한 사건 비율
피오리아	A	34	1.12	100	1.00	100
	B	62	2.03	32	1.56	26
	C	219	2.79	32	1.84	21
시카고	A	42	1.00	100	1.00	100
	B	80	1.86	34	1.25	24
	C	296	1.74	22	1.57	14
오클랜드	A	33	1.18	100	1.00	100
	B	43	2.07	53	1.20	40
	C	229	4.77	49	1.45	29

밤도둑 사건보다도 더 흉악한 범죄, 특히 살인, 부녀 폭행, 강도, 폭행 사건 등의 경우, 많은 종류의 증거물이 채집되어 감식 연구실로 회부된 것을 이 표로부터 확실히 알 수 있다.

물적 증거의 구분수가 많아지게 된 것은 앞에서 말했지만, 채집된 증거의 질이 향상되어 온 것으로 본다.

〈표 16〉을 보면 더 흉악한 범죄에서 지문이 채취되었을 때, 종류마다 대조 물건의 채취도 종종 행해지는 경향이 있다.

또 물적 증거의 분석 시험에 의해서 연구실에서 하는 공통 기원의 입증이 쉬워지는 경향이 있는 것처럼 보인다. 즉, 피오리아에서는 용의자의 지문과 범죄 현장의 지문을 비교하는 것은 지문만 채취되어 있는 밤도둑 사건의 경우 32% 정도이다. 한편 연구실에서 외부의 물적 증거가 시험 분석되어 있을 때는 은닉된 지문이 재생되는 것으로서, 표준이 되는 지문을 69%까지 이용할 수 있다. 밤도둑 사건을 별도로 하면 표준 지문을 이용하는 비율은 87%까지 증가한다.

숨겨진 지문의 특정 인간과의 비교가 가능하기 때문에 표준 지문의 이용률이 커지면 공통 기원의 지문 검출 비율도 커진다.

시카고에서는 단지 지문만 있을 뿐 증거물이 없는 밤도둑 사건 중 약 10%만이 표준 지문의 원적과 비교되고 있을 뿐이다. 바꿔 말하면 문제인 용의자의 지문과 범죄 현장으로부터 재생, 채취된 미지의 지문을 대조하여 조사하는 것은 단지 10%밖에 안 된다는 것이 된다.

이것이 시카고에서 증거가 지문밖에 없는 밤도둑 사건에서의 특정 개인과 합치한 예가 단지 5%밖에 안 되는 것의 원인이다.

오클랜드에서는 용의자의 지문과 감추어진 지문의 비교가 행해지는 것은 대개 42%로 올라가지만, 합치한 예는 〈표 16〉에 있는 것처럼 단지 7%밖에 안 된다.

이 결과로부터 지문의 동정, 판별 부문에 회부된 용의자의 명부가 그 밖의 사법 구역의 경우와는 다르게 예상과는 꽤 어긋나더라도 질이 나쁜 결과라고는 생각하지 않는다.

표 16 | 지문 분석 결과

도시	시료	사건수	증거와 대조한 지문	공통 기원의 지문	공통 기원의 증거와 대조한 지문
피오리아	A	34	32	24	75
	B	16	69	50	72
	C	47	87	77	89
시카고	A	42	10	5	50
	B	19	16	16	100
	C	40	25	23	90
오클랜드	A	33	42	3	7
	B	17	82	18	21
	C	67	91	36	39

요약

이 장에서 여러 가지로 언급한 자료를 종합하면 대개의 경우 다음과 같은 결론을 얻는다.

1. 범죄 행위의 몇 가지 특징과 채집한 증거 사이에는 밀접한 관계가 있다. 그중에서도 범죄의 형태, 용의자와 범죄 현장, 혹은 피해자와의 접촉, 피

해자가 입은 상해의 정도, 범죄가 행해진 장소(주거 안인가, 주거 밖인가), 증인의 유무, 용의자의 신원과 지위, 그리고 범죄 현장에서 상급 경찰관의 입회 유무 등이 중요하다.

2. 대인 범죄에는 체액과 총포가 수집, 분석된 것이 중요한 증거물이다. 한편 대물 범죄에서는 지문, 유류품, 공구흔 등이 분석에 회부되는 중요한 증거물이 된다.

3. 약물 증거를 별도로 감식 연구실에 증거물로서 송부하는 중요한 이유는 인간, 무기, 그 밖의 흉기, 범행 현장 등과의 사이의 관련성을 입증할 목적 때문이다.

4. 평균적으로 보면 대물 범죄보다도 대인 범죄 쪽이 수집되는 증거물의 구분수가 많은 경향이 있다.

5. 야외에서 수집된 증거물은 극히 일부만 분석에 회부된다. 이 경우 대물 범죄 쪽이 분석에 송부되는 비율이 높고 대인 범죄 쪽은 낮다.

6. 4개소의 사법 구역 중 범죄 현장으로부터 가장 많은 증거물을 수집한 경우에서, 오클랜드는 분석에 회부된 증거물 구분 수가 최소이다.

7. 감식 연구실로부터 얻은 결과 중 공통 기원이 있으면 분명히 대인 범죄의 경우가 최고의 비율을 차지한다. 한편 대물 범죄에 관해서는 별개의 기원에 있는 것을 나타내는 건수가 큰 비율을 차지하고 있다.

8. 피오리아에서는 총포, 공구흔, 유류품의 세 구분에 관해서 그 기원을 결정하는 것이 최고의 성적을 나타내고 있다. 오클랜드는 혈액과 모발의 시료

로부터 발생 원인을 탐색한다. 시카고와 캔자스시티의 두 지역에서는 성범죄에서 정액 시료의 동정으로 좋은 성적을 얻고 있다.

9. 총포, 혈흔, 공구흔의 세 종류는 대인 범죄에서 인간, 장소 등의 관련성, 여러 가지 문제를 해결하는 데 중요한 증거물 구분이다. 유류품과 공구흔은 대물 범죄에서의 관련성 문제 해결에서 중요한 2대 증거물로 구분된다.

10. 지문은 밤도둑의 경우를 별도로 하면 그 밖의 증거물과 더불어 채취되는 경우, 대물 범죄에서 특정 개인을 동정하는 더욱 유효한 증거물이 된다. 대물 범죄에서 유일한 증거물로서 지문이 채취된 경우에는 지문의 유효성은 최저가 된다.

부록

항목	피오리아/모르톤	시카고	캔자스시티	오클랜드
인구	125,630	3,060,801	462,924	344,686
범죄 건수	12.054	186,728	42,065	41,269
범죄 지수(인구 1,000명당)	95.9	61.0	90.9	119.7
면적(평방 마일)	38	228	317	59
연구소 설립 연도	1972	1930	1973	1944
법적 상부 조직	피오리아시 경찰 일리노이주 법령 시행 후	시카고 경찰	캔자스시티 경찰	오클랜드 경찰
정식 직원수	218(피오리아만)	12,392	1,183	602
범죄 지수/정식 직원수	55:1	15:1	36:1	69:1
범죄 수사관수	35	1,268	204	126
감정 연구소의 조직 내 위치	과학서비스국	기술서비스국	범죄수사관국	수사국
담당범위	구역 내	시내	구역 내	시내
연구소 처리 건수	2697	25,600	10,926	5,384
사건수/감정 관수	300:1	512:1	840:1	766:1
정식 직원수/감정관수	24:1(218:1)	248:1	91:1(118:1)	86:1(120:1)
감정관수	9(1)*	50	13(10)*	7(5)*
경찰서의 연간 예산($)	4,315,530	351,415,466	35,826,402	39,148,857
감식 연구소의 연간 예산 (범죄 현장 수사 비용 제외)	–	1,300,000	275,290	171,836
연구소의 예산/ 경찰서의 예산	–	0.4%	0.8%	0.4%
범죄 현장 담당 조직 부문	피오리아 경찰서 관리 부문	범죄연구소 부문	범죄학 부문	순찰 부문
현장 담당 기술 직원	6	95	22	12
범죄 지수/기술 직원	2,009	1,966	1,912	3,439
정식 직원/기술 직원	36:1	130:1	54:1	50:1
기술 직원/연구소 직원	0.67:1(6:1)	1.9:1	1.7:1(2.2:1)	1.7:1(2.4:1)

1979년도 데이터로 ( )는 모르톤. 캔자스시티의 두 행정 구역 감정 스태프 중 피오리아, 캔자스시티 두 사법 구역 담당에 상당하는 인원수이다. 모르톤 행정 구역 사건 중 대개 10%가 피오리아 것이다. 캔자스시티 행정 구역에서는 캔자스시티 사법 구역 사건이 대개 8% 정도 된다. 따라서 모르톤 감정 연구소 직원 9명의 약 10%, 즉 1명이 피오리아 담당이고 캔자스시티 행정 구역 감식 연구소 직원 13명 중 약 80%(약 10명)가 캔자스시티 경찰의 담당분이다. 오클랜드의 감식 연구소 직원 7명 중에는 지문 감식만을 전문으로 하는 2명이 포함되어 있기 때문에 다른 도시의 연구소와 비교하기 위해서는 2명을 뺀 것으로 하지 않으면 안 된다.

부록 2 | 각 연구소에서 물적 증거물 시험의 가능성에 대한 일람표

증거물	피오리아	시카고	캔사스시 티	오클랜드
혈중 알코올 분석	G	O	X	O
비교 검경 분석	X	X	X	X
빔죄 현장 조사	X	X	X	X
약물	X	X	X	X
폭발물	O	X	X	O
섬유	X	X	X	X
지문	X	X	X	X
가연물	X	X	X	X
총포류	X	X	X	X
유리	O	X	X	X
발포 잔사	O	X	X	O
모발	X	X	X	X
도료	X	X	X	X
거짓말 탐지	X	X	O	O
문서	O	X	O	O
일련 번호 재현	X	X	X	X
혈청학	X	X	X	X
토양/광물	O	X	X	O
공구흔	X	X	O	X
독물	X	O	X	O
유류품	X	X	X	X
음성 (성문)	O	O	O	O

O 가능 × 불가능

부록 3 | 표준 시료 수집 확보 유무

표준 시료 수집 (표준/공개 사진첩)	피오리아 (모르톤)	시카고	캔자스시티	오클랜드
세탁/드라이클리닝	무/무	무/무	무/무	무/무
타이어	무/무	무/무	무/무	무/무
자동차 도료	유/무	유/무	유/무	유/무
모발	유/무	유/무	유/무	유/무
섬유	유/무	유/무	유/무	유/무
구두 흔적	무/무	유/유	유/무	무/무
도구	유/무	유/ 유	유/무	유/무
협박장/부정 수표	무/무	유/ 유	무/무	무/무
총탄/ 탄약포	유/유	유/유	유/유	유/유
지문	무/무	유/유	무/무	유/유
목재	무/무	무/무	유/무	유/무
힐액	유/무	유/무	유/유	유/무

감사의 글

본 장은 '재판의 증거와 경찰-범죄 수사에 대한 과학적인 증거와 영향'으로 제목을 정한 최종 보고서 중 각 항목에 기초한 것이다.

본래의 연구비용은 국립 사법 연구소와 법과학 재단으로부터 원조를 받았다.

여기서의 관점이나 견해는 모두 필자 개인의 생각이며, 반드시 법과학 재단 및 국립 사법 연구소의 공적인 입장과 같은 방침을 나타내고 있는 것은 아니라고 하는 것을 단정해 둔다.

필자는 이 프로젝트를 위해서 자료를 집적하고 해석했다.

한편 지원을 해 준 법률 사법 연구 센터의 스티븐 미하로빅(Steven Mihajlovic) 연구원에게 감사를 표하는 바이다.

편집 및 집필자 소개

C 사무엘 M. 거버(Samuel M. Gerber)

그는 염료 및 염료 중간체에 대한 화학적 기술 전문가로, 뉴욕시티 대학에서 학사, 컬럼비아 대학에서 석사와 박사를 취득했다. 그리고 오랫동안 아메리칸 시안아미드 회사에 근무하면서 염료 및 염료 중간 물질 생산의 주임 화학자가 되었고, 염료 및 화학 약품의 연구 개발 실장으로 있었다.

현재 염료와 관련된 분야에서 고문으로 활동하고 있다. 염료 관련 분야에서 출판물, 논문, 특허 등을 낸 바가 있고, 그중에서도 소련(현 러시아)으로부터의 아조 화합물과 디아조 화합물 관련의 논문 수집으로 유명하다.

법화학 분야에 대한 흥미는 셜록 홈스로부터 비롯되었다. 그는 베이커스트리트 이레귤러 및 그와 관련된 클럽의 회원으로 있으며, 그의 강연 중에서는 '화학자 셜록 홈스'가 유명하며 여러 곳으로부터 강연을 요청받고 있다.

부인 낸시 니콜스 거버는 루트저의 왁스만 연구소의 화학자로 근무하고 있으며, 두 명의 자녀와 한 명의 손자가 있다.

⟪ 일리 M. 리보우(Ely M. Liebow)

그는 노스이스턴의 일리노이 대학 영문학과 부교수이며 과장이다. 아메리칸 대학과 시카고 대학 및 루트저 대학에서 대학원을 졸업했다.

셜록 홈스 등 탐정 소설의 열렬한 독자로서 많은 명탐정 소설에 대해서 논문을 발표하고 강연을 했다. 그 대상으로 라비 스몰, 브라운 신부, 조이스 포터의 도우버, 셜록 홈스 등이 있다.

베이커스트리트 이레귤러의 시카고 하부 조직인 휴고 컴페니언의 휴고경(회장)이었다. 즉 회장을 최근까지 하면서 베이커스트리트 이레귤러에 참가를 정식으로 인정한 회원 중의 한 사람이며, 베이커스트리트 미스셀레니아의 편집 조언자였다.

영국 햄프셔에 있는 왕립 경찰 대학의 헨리 휘일딩 협회에 초대되어 강연을 한 적도 있고, 협회 회원이기로 하다. 또 뉴스코틀랜드 야드에서도 강연 요청을 받은 바 있고, 1982년 셜록 홈스의 모델로 조 벨 박사라고 불리는 그의 전기가 출판되었다. 이 밖에 대학 문법책으로 『Write It Right』와 노년기를 다룬 명시 선집 『Age: A Work of Art』라는 책의 공동 편집자이기도 하다.

⟪ 나탈리 포스터(Natalie Foster)

그녀는 레이 대학의 화학과 강사이며, 레이 대학 화학과에서 화학 박사와 예술학 박사 두 학위를 취득했다. 현재 전문 영역으로는 악성 종양 검출에 이용되는 방사성 약제 연구가 있다.

논문으로 유기분자의 방사선 할로겐 표지화, 포르피린의 영상 시약으로서 이용 및 유사 요법 등이 있고, 초창기에는 제약업 등과 관련한 의학사 등에 관한 것이 있다.

미국 화학회, 미국 광생물학회, 시그마카이 및 「붉은 머리 동맹」(베이커 스트리트 이레귤러의 하부 조직)의 회원이기도 하다.

C 리차드 세이퍼스타인(Richard Saferstein)

그는 뉴저지주 경찰 연구소 법화학부장으로 뉴욕 시립대학, 시티 대학에서 학사와 석사를 마치고 뉴욕 시립대학에서 화학 박사 학위를 받았다.

그는 재무성의 법화학자로 근무했고 나중에는 쉘화공 회사 분석 화학자로 근무했다. 현재 분석 및 응용 열분해 잡지의 편집 위원이며 많은 논문 외에도 『범죄 수사학』, 『법과학 입문』의 저서와 『법과학 핸드북』의 편집서가 있다.

C 피터 R. 드 포레스트(Peter R. De Forest)

그는 뉴욕 시립대학의 존 제이 형법 대학 범죄 수사학 교수이다. 법과학 분야에 흥미를 갖게 된 것은 1960년 학부 화학과 재학 중 범죄학 연구실에서 아르바이트를 하게 된 것이 계기이며, 2년간 아르바이트로 화학 강의를 수강한 뒤 캘리포니아 대학 버클리 분교로 옮겨 그곳에서 범죄 수사학 학사를 취득하고, 1969년 박사 학위를 취득했다.

그 후 뉴욕에 와서 존 제이 대학의 조교수로서 학부 및 석사 과정 학생에게 법과학을 가르쳤다.

많은 저작물이 있으며 최근 공저로 『법과학: 범죄 수사학 입문』이 있고 리차드 세이퍼스타인이 편집한 『법과학 핸드북』 중 법검경학 분야를 집필했다.

C 빈센트 P. 구인(Vincent P. Guinn)

그는 캘리포니아 대학 어빈 분교 화학 담당 교수로 학사, 석사를 남캘리포니아 대학에서 받았으며, 하버드 대학에서 물리화학 박사를 취득했다.

그 후 오크 리지(Oak Ridge) 원자핵 연구소에서 방사화학을 연구했다.

1949년부터 1961년까지 쉘 개발 회사의 화학 연구원으로 근무한 바 있으며, 1956년에 방사화학부장을 역임했다. 1962년부터 1970년까지는 제너럴 아토믹 회사에서 방사화 분석 프로그램의 기술 감독자로 일했다.

캘리포니아 대학으로 옮긴 후 중성자 방사화 분석과 법학과 두 분야의 연구와 교육에 힘쓰고 있다. 이 분야의 논문이 200편 이상이나 되며, 미국 법과학 아카데미와 미국 원자핵 협회의 회원이며 미국 화학회, 영국 법과학회, 캘리포니아 범죄 수사관 협회 회원이기도 하다.

법정에서 종종 중요한 증언을 하는 전문 감정가이다.

1964년 미국 원자핵 협회에서 특별상을 받았고, 1979년에는 방사화학에 관한 업적으로 조지 헤비시 메달(George Hevesy Medal)을 받은 바 있다.

C 프란세스 M. 구도우스키(Frances M. Gdowski)

그녀는 뉴저지주 경찰 연구소의 법과학 담당 주임이며, 오하이오주 윌밍턴 대학 생물학과를 졸업하고 현재 뉴욕 시립대학 존 제이 대학에서 석사 학위를 취득하기 위한 연구 중에 있었다.

그녀는 연방 수사국(FBI), 피스버그 대학, 존 제이 대학에서 혈흔 분석에 대한 훈련을 받은 바 있다.

법 보강 지원 협회(LEAA) 후원의 혈흔 분석 프로그램 평가 위원 5명 중한 사람이며, 법과학 관련 학회에서 수많은 강연과 법화학자를 위한 세미나 등에서도 지도자적인 역할을 하고 있다. 현재 경찰 수사관 및 법의학자를 대상으로 혈흔 및 정액 분석 훈련과 강의를 행하고 있다.

C 로랜스 코빌린스키(Lawrence Kobilinsky)

그는 뉴욕 시립대학, 존 제이 대학의 생물학 및 면역학 담당 조교수이며, 뉴욕 시립대학의 생화학과 박사 과정 교수 중 한 사람이다. 그는 뉴욕 시립대학 생물학과에서 학사, 석사, 박사 학위를 취득했다.

슬로안-케터링(Sloan-kettering) 암 연구소의 특별 연구원 및 객원 연구원으로서 근무한 바 있고, 그의 전문 영역은 면역 화학과 법혈청학이다.

법과학 고문으로서 유명하며 법정에서는 그를 높이 평가하고 있다. 많은 책을 저술하고 각종 심포지엄에서 많은 논문을 발표한 바 있으며 법과학 분야 및 리트로바이럴(Retroviral) 감염의 면역 화학 분야 등의 책을 출판했다.

⊂ 조지프 L. 피터슨(Joseph L. Peterson)

그는 시카고 일리노이 대학의 사법 재판소의 소장이며 형사 재판학 담당 부교수이다. 캘리포니아 대학 버클리에서 범죄학 박사 학위를 취득했다. 국립 법률 시행 및 형사 재판 연구소 법과학 프로그램의 책임자로서 3년간 역임했다.

그는 뉴욕 시립대학과 존 제이 대학의 형사 재판 연구소 소장으로도 재직했고 메릴랜드주 록크빌 법과학 재단에도 근무한 바 있다.

수많은 법과학 관련 논문뿐만 아니라 최근에 출판된 『법과학-형사 재판에서의 과학적 수사-』의 공동 편집자 중 한 사람이다.

⊂ 니콜라스 페트라코(Nicholas Petraco)

그는 뉴욕시 경찰국 감정 연구소에서 15년간 형사로 근무하고 있으며, 전문 분야는 현미경 검사 분석과 모발 및 섬유 시료의 흔적 시험이다. 또 미립 물질 및 체액 등에 대해서도 경험이 많다.

유죄·무죄를 증명하기 위해서 증거를 갖고 범죄를 재구성한다.

현재 뉴욕 시립대학의 존 제이 대학에서 법과학, 일반 범죄 수사학 담당 강사이며, 미국 법과학 아카데미 회원이고 뉴욕 법검경학 협회 회원이기도 하다.

전문 감정가로서 법정에 초대되는 경우가 종종 있으며 수 건의 논문도 발표했다.

역자 후기

지금까지 과학수사는 법화학(재판화학)에 의해 뒷받침되는 것으로 인식되어 왔으나 범죄의 다양화로 화학뿐만 아니라 물리학, 생물학, 약학, 의학, 식품학, 심리학을 비롯한 모든 과학 분야에 의하지 않을 수 없게 되었다. 따라서 종합적, 포괄적 의미로서 법과학(Forensic Science)이라는 말이 사용되기 시작했다. 이렇게 볼 때 법과학의 역사는 셜록 홈스로부터 시작되어 100년 전까지 거슬러 올라가지만 정확한 한계를 긋기는 어렵다. 다만 기초 학문을 응용한 종합과학으로서 기초 학문이 발달함에 따라 법과학 또한 함께 발전할 것임에는 누구도 부정할 수 없는 사실이다.

최근 범죄의 형태가 흉포화, 다양화, 지능화되면서 법과학의 역할이 더욱 큰 비중을 차지하게 되었고 인권 보호 차원에서도 법정의 증거주의를 원칙으로 하기 때문에 그 필요성은 더욱더 절실히 요구된다. 법과학은 그동안 많은 발전이 있었고 앞으로도 범죄수사에 많이 이용되리라 생각한다. 특히 미량 물질을 비파괴분석하는 방사화 분석법이라든지, 사람마다 다른 구조를 갖고 있는 DNA를 분석하여 범인을 색출하는 DNA 지문채취법(유전자 감식법), 목소리를 이용한 성문법(聲紋法, voice print) 등의 활용이 주목되고 있다.

최근 해외토픽을 통해 케네디 대통령의 암살사건이 4반세기만에 종결된 것으로 알려졌다. 케네디 대통령의 암살을 조사한 워렌위원회는 범인을 좌익 성향이 짙은 리하비 오스왈드라는 단독범으로 규정했으나 다른 제2의 저격범이 개재하는 등 공모혐의가 짙다는 여론이 비등하자 미국 법무부는 재조사에 착수했다. 그러나 공모설을 뒷받침할 만한 법과학적 증거를 찾지 못하여 결국 수사는 종결되고 말았다. 이는 법과학이 얼마나 중요한가 새삼 느끼게 하는 결과이다.

본서는 역자가 국립과학수사연구소에 근무하면서 법과학에 대한 관심이 있어 번역했다. 그러나 출판까지는 생각지 못하고 있었으나 법과학을 일반인에게 인식시켜 범죄를 효과적으로 예방하고자 함에 용기를 얻어 출판하게 되었다. 본서가 범죄 예방뿐만 아니라 수사에도 도움이 되기 바라며 '완전 범죄는 없다'라는 말을 깊이 인식시켜 범죄 없는 밝은 사회를 이룩하는 데 도움이 되기를 바란다.

끝으로 이 책을 출간함에 원서를 보내준 정강현 박사와 많은 가르침을 준 국립과학수사연구소 여러분, 출판에 힘써주신 전파과학사의 손영수 회장님과 손영일 사장님, 편집부원, 그리고 원고정리를 도와준 충청전문대학 식품가공과 학생들에게 깊이 감사드린다.

도서목록
- 현대과학신서 -

도서목록
- BLUE BACKS -